Nadine Gauger
Erwin Graf

Nahrung und gesunde Ernährung

Lernen an Stationen im Biologieunterricht

Mit Kopiervorlagen und Experimenten

Auer

Autor*innen: Nadine Gauger, Erwin Graf
Illustrationen: Steffen Jähde
Satz: Typographie & Computer, Krefeld
Druck und Bindung: SDK Systemdruck Köln GmbH & Co. KG, Köln
ISBN 978-3-403-**06946**-1

www.auer-verlag.de

Inhalt

Hinweise für die Lehrkraft: Unterrichtsziele – Schwerpunkte

„Man muss viel gelernt haben, um über das, was man nicht weiß, fragen zu können."

JEAN-JACQUES ROUSSEAU 1712 – 1778

Basisinformationen

Alle Organismen sind offene Systeme, die sich nach dem Modell der Regelkreise in einer Homöostase, d. h. in einem dynamischen **Fließgleichgewicht** befinden. Alle Lebewesen stehen in einem mehr oder weniger starken Stoff- und Energieaustausch mit der Umwelt; bislang immer noch weitgehend unbekannte homöostatische Mechanismen regeln den Stoff- und Energiehaushalt eines Lebewesens.

In der Biologie unterscheidet man vier große Ernährungskategorien (vgl. PURVES u. a. 2006, S. 643 ff.): Photoautotrophe, Photoheterotrophe, Chemoautotrophe und Chemoheterotrophe. Während die grünen Pflanzen photoautotroph sind, d. h. die körpereigene Substanz aus einfachen anorganischen Stoffen selbst herstellen können, sind Pilze (die nach neuerer systematischer Einordnung ein eigenes Reich bilden), Tiere sowie wir Menschen chemoheterotrophe Organismen, beziehen also ihre Energie aus aufgenommener organischer Substanz und sind auf die Zufuhr von organischen Bau- und Betriebsstoffen, Provitaminen und Vitaminen, Mineralstoffen einschließlich Spurenelementen und Ballaststoffen aus der Umwelt angewiesen.

Der Energiebedarf eines erwachsenen Menschen schwankt je nach Alter, Geschlecht, Lebensweise und Tätigkeit ganz erheblich. Der **Grundumsatz** – die Energiemenge, die ein Mensch bei völliger Ruhe benötigt – beträgt im Durchschnitt (abhängig u. a. von Alter und Geschlecht) 7000 bis 8000 kJ pro Tag. Je nach körperlicher Tätigkeit kommt ein **Leistungsumsatz** hinzu, der in Extremfällen bis zu 10 000 kJ pro Tag und mehr (z. B. Radrennen oder Bergsteigen) betragen kann.

Grund- und Leistungsumsatz haben einen großen Einfluss auf den **Wasserhaushalt** des Körpers; pro Tag sollte ein Jugendlicher durchschnittlich etwa 1,5 bis 2 Liter Wasser zu sich nehmen, bei großer Wärme bzw. starker Anstrengung sogar bis zu 5 Liter täglich. Da Wasser im Körper nicht nur eine große Rolle als Transport- und Lösungsmittel spielt, sondern auch als Baustoff sehr wichtig ist, muss aus ernährungsphysiologischen Gründen auf eine ausreichende Flüssigkeitszufuhr geachtet werden. Insbesondere beim Atmen, durch Schwitzen sowie durch Urinabgabe verlieren wir ständig Wasser und darin gelöste Mineralsalze, sodass diese immer wieder ersetzt werden müssen. Eine völlig salzfreie Kost würde in kurzer Zeit zum Tode führen, da auch die mineralischen Bestandteile ständig ausgetauscht werden.

Hauptbestandteile der Nahrung sind – neben Wasser, Provitaminen, Vitaminen, Mineralstoffen, DNA, RNA etc. – Proteine, Kohlenhydrate und Lipide (Fette), die im Organismus eine zentrale Rolle im Bau- und Betriebsstoffwechsels spielen.

Die **Proteine** (Eiweiße, Eiweißstoffe) in unserer Nahrung sind die wesentlichen Bestandteile aller Zellen und haben neben ihrer Funktion als Baustoffe – beispielsweise in den Zellmembranen und im Zellkern – eine wichtige Bedeutung insbesondere als Enzyme, Antikörper, Hormone, Haare, Finger- und Fußnägel sowie Blutgerinnungsfaktoren. Da der Körper Proteine – im Gegensatz zu Kohlenhydraten und Fetten – nicht speichern kann, dürfen sie in der täglichen Kost nicht fehlen. Proteine bestehen aus miteinander kondensierten Aminocarbonsäuren (Aminosäuren; beim Menschen gibt es 20 verschiedene Alpha-Aminosäuren). Von diesen 20 beim Menschen vorkommenden Aminosäuren sind acht essenziell: **Val**in, **Thr**eoin, **Met**hionin, **I**so**leu**cin, **Phe**nylalanin, **Try**ptophan, **Leu**cin und **Lys**in; diese lebenswichtigen Aminosäuren kann der menschliche Organismus nicht selbst herstellen, sie müssen deshalb mit der Nahrung zugeführt werden.

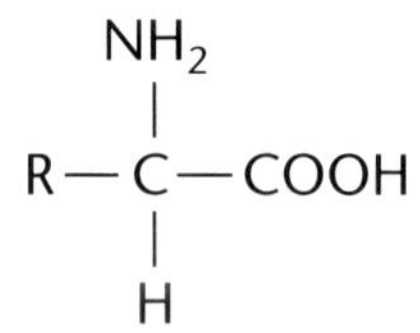

Strukturformel einer Aminosäure (Schema; R = Restmolekül; R = H: Aminosäure Glycin oder Alpha-Amino-Essigsäure)

Nur eine Nahrung, die diese essenziellen Aminosäuren in ausreichender Menge enthält, darf als vollwertig bezeichnet werden. Reich an essenziellen Aminosäuren sind vor allem tierisches Eiweiß, wie es in Fleisch, Milch, Eiern und Käse vorkommt, aber auch beispielsweise in Kartoffeln und Sojabohnen; weniger wertvoll – trotz eines relativ hohen Eiweißgehalts, jedoch u. a. infolge unzureichender Mengen an essenziellen Aminosäuren bzw. ganz anderer qualitativen Zusammensetzung der Aminosäuren – sind die Proteine im Getreide (z. B. Weizen, Mais, Reis). Ein Maß, mit welcher Effizienz ein Nahrungsprotein in körpereigenes Protein umgesetzt werden kann, ist die sog. **biologische Wertigkeit**; diese gibt an, wie viel körpereigenes Eiweiß der Körper aus 100 g über die Nahrung aufgenommenes Eiweiß aufbauen kann.

Durch gezielte Kombination ist es möglich, Nahrungsmittel mit – hinsichtlich der Wertigkeit der darin enthaltenen Proteine – jeweils relativ geringer biologischer Wertigkeit zu einer Mahlzeit mit hoher Wertigkeit zu kombinieren. Viele traditionelle Nahrungszusammenstellungen wie Fleisch/Schinken + Hülsenfrüchte, Fleisch/Schinken/Käse + Brot sowie Bohnen + Mais (wichtig für die Nahrungsoptimierung in vielen Entwicklungs- und Schwellenländern) sind Beispiele dafür.

Tabelle: Biologische Wertigkeit von Proteinen (Auswahl)

Herkunft des Nahrungsproteins	Biologische Wertigkeit von Proteinen für den Menschen (Durchschnittswerte)
Hühnerei (Vollei)	100 (Referenzwert)
Molkenprotein	104–110
Rindfleisch, Thunfisch	90–94
Kuhmilch	87–89
Soja	84–86
Reis	80–82
Roggenmehl	80–82
Mais, Bohnen	71–74
Weizenmehl	56–58

Kohlenhydrate (Einfach- und Zweifachzucker, Stärke, Glykogen) dienen dem Körper vor allem als Energielieferanten zum Aufbau von ATP (**A**denosin**trip**hosphat), dem sog. „energetischen Kleingeld" der Zellen; Cellulose (in Zellwänden von Pflanzen) und Chitin (im Außenskelett der Gliedertiere) sind zwar Polysaccharide wie Stärke (Amylose, Amylopektin) und Glykogen (aufgebaut jeweils aus kondensierten Alpha-D-Glucosemolekülen), können vom Menschen jedoch mangels fehlender Enzyme nicht verdaut werden. Die endgültige Verdauung von Kohlenhydraten und Proteinen findet zwischen den Mikrovilli der Epithelzellen statt; dabei entstehen resorbierbare Produkte, die von den Epithelzellen aufgenommen werden. Ab dem 4. Lebensjahr reduziert sich bei den meisten Menschen die Produktion des Enzyms Lactase und damit treten mehr oder weniger große Schwierigkeiten auf, aufgenommene Lactose (Milchzucker) zu verdauen (sog. Lactoseunverträglichkeit). Kommt zu viel Lactose in den Dickdarm, so kann dies zu Blähungen und Bauchkrämpfen – infolge Verstoffwechselung durch Darmbakterien – führen; lactosefreie Produkte bleiben als Alternative. Allerdings hängt es stark von der ethnischen Zugehörigkeit ab, wie viele Menschen einer Bevölkerungsgruppe betroffen sind. Kohlenhydratreiche Nahrungsmittel sind beispielsweise Teigwaren (Nudeln), Reis, Kartoffeln, Getreide, Getreideprodukte (z. B. Brot) und Süßigkeiten.

Lipide (Fette) benötigt der Körper nicht nur zur Energiespeicherung (sog. Depotfett beispielsweise an Hüfte und Bauch) und zur Energiegewinnung, sondern u. a. auch zum Aufbau von Zellmembranen sowie als Hormone. Ein Fettmolekül ist – chemisch gesehen – aus Glycerin (3-wertiger Alkohol) und drei Fettsäuren aufgebaut, d. h. ein Triglycerid (Ester zwischen Glycerin und drei Fettsäuren). Die ernährungsphysiologische Wertigkeit von Fetten unterschiedlicher Herkunft ist recht verschieden, da sie sog. essenzielle Fettsäuren (mehrfach ungesättigte Fettsäuren wie Linol- und Linolensäure; sog. Omega-*n*-Fettsäuren) in durchaus unterschiedlichen Mengen enthalten. Kalt gepresste Öle enthalten größere Mengen dieser ungesättigten Fettsäuren und sind deshalb ernährungsphysiologisch sehr wertvoll. Gesättigte Fettsäuren (z. B. Palmitin- und Stearinsäure) findet man vor allem in tierischen Fetten sowie gehärteten (sog. hydrierten, d. h. mit Wasserstoff „angereicherten") pflanzlichen Fetten. Fettreich sind beispielsweise folgende Nahrungsmittel: Butter, Margarine, Schlagsahne, Käse, Nüsse, Chips, Pommes frites (s. Tabelle).

Tabelle: Fettgehalt von Lebensmitteln (Auswahl; Durchschnittswerte)

Lebensmittel	Fettgehalt in %
Bananen, Orangen, Kartoffeln, Äpfel, Birnen, Tomaten, Schellfisch, Kabeljau	0,1–0,4
Rinderfilet, Brathuhn, Zwieback, Popcorn	4–5
Hühnereier, Butterkeks	11–12
Avocado, Hering, Wiener Würstchen, Weißwurst	17–19
Camembert, Edamer, Aal	22–25
Kartoffelchips, Salami, Kalbsleberwurst, Mettwurst	35–40
Haselnüsse, Walnüsse, Pekannüsse	60–70
Mayonnaise, Schweinespeck, Margarine, Butter	80–90
Lebertran	98–99,9

Der **Ernährungskreis** ist das Schema für eine vollwertige Ernährung, das von der DGE (Deutschen Gesellschaft für Ernährung) im Jahr 1956 entwickelt wurde; in neueren Publikationen werden oft auch **Ernährungspyramiden** dargestellt, die veranschaulichen, welche Lebensmittel in welchen Mengen täglich verzehrt werden sollten, um sich gesund zu ernähren. Von der DGE werden empfohlen (s. Abb. 1): Getreide, Getreideerzeugnisse, Kartoffeln 30 %; Gemüse, Salate 26 %; Obst 17 %; Milch, Milchprodukte 18 %; Fleisch, Wurst, Fisch, Eier 7 %; Fette, Öle 2 %. Die ausreichende Zufuhr von – möglichst nicht oder nur wenig gesüßten – Getränken (insbesondere Wasser, Früchte- und Kräutertee) sollte täglich sichergestellt werden. Seit 2003 symbolisiert ein Glas Wasser in der Mitte des Ernährungskreises dieses zentrale Anliegen der DGE.

Lehr- und Lernziele (Unterrichtsziele), Bildungsstandards und Kompetenzen

An Unterrichtszielen sind bei diesem hier vorgestellten Lernen an Stationen zum Thema „Ernährung und Verdauung" – konzipiert primär für die Klassenstufen 7 bis 8 – die unten stehenden Ziele besonders wichtig, damit die entsprechenden (nationalen) Bildungsstandards (im Sinne von kriterialen Unterrichtszielen) erreicht und (Schlüssel-, Basis- bzw. Querschnitts-)Kompetenzen – nicht nur fachlich-sachliche Kompetenz, sondern auch sozial-kommunikative Kompetenz, methodisch-strategische Kompetenz und insbesondere personale Kompetenzen – aufseiten der Lernenden gefördert werden können, damit sich eine ethisch fundierte, nachhaltige Handlungs-, Gestaltungs- und Urteilsfähigkeit entwickeln („bilden") kann.

Erst dann, wenn es dem Individuum gelingt, Orientierungswissen („Was darf und soll ich tun?") und Verfügungswissen („Was kann ich wie tun?") miteinander in Verbindung zu bringen, bildet sich – in Anlehnung an die klassischen Arbeiten von Mittelstraß (1992) – eine *Handlungskompetenz* aus, die auf vernünftigem Handeln gründet und selbstbestimmtes, ethisch verantwortliches Handeln – auch außerhalb und nach schulischen Lehr-Lern-Prozessen – ermöglicht.

Auch wenn seit einigen Jahren gelegentlich von der „Outcome-Orientierung" (mitunter sprach und spricht man von [technizistischer] Output-Orientierung) von Unterricht gesprochen wird und Bildungsstandards – spätestens seit den von der OECD veranlassten PISA-Studien – eingefordert werden, darf nicht vernachlässigt werden, dass ohne gute, an klaren Zielsetzungen orientierte Unterrichts(voraus)planung, ohne eine sinnvolles Lernen anregende Unterrichtsgestaltung sowie ohne eine vorbildliche Lehrperson unterrichtliche Lehr-Lern-Prozesse schwerlich gelingen können.

Lern- bzw. Bildungsprozesse im Individuum bedürfen zweifelsohne eines fruchtbaren Bodens („Lernarrangements") – auch im Sinne einer emotional positiven, das Lernen anregenden, sinnstiftenden Unterrichtsatmosphäre –, damit nicht nur Unterrichtsergebnisse formal – etwa im Tafelbild – gesichert, sondern der Lernerfolg des einzelnen Schülers nachhaltig gefördert werden kann.

Infolge der kognitiven, affektiven, sozio-kulturellen, ethnologischen und lernbiografischen *Heterogenität* in einer Schulklasse mit zum Teil 25 und mehr Individuen mit individuell unterschiedlicher Lerngeschichte und Sozialisation ist es unverzichtbar, durch **innere Differenzierung** bzw. Individualisierung sowie Schaffen eines lernfördernden sozialen Kontextes den naturgemäß verschiedenen neuronalen Strukturen der – jeweils mit spezifischer Kognition und Emotion ausgestatteten – Lernenden ganz im Sinne des lerntheoretischen Konstruktivismus spezifisch Rechnung zu tragen und somit optimales Lernen des einzelnen Schülers zu ermöglichen.

Es stellt sich demnach nicht die didaktische Leitfrage, ob im jeweiligen Unterricht geschlossene *oder* offene Unterrichtsformen geeignet sind bzw. welcher Methodenmix angesagt ist, sondern es ist vielmehr aufzuspüren – und darauf verweisen auch die neuesten empirischen Untersuchungen zu erfolgreichem Unterricht –, welches die geeigneten Methoden für *diese* Schüler und *diese* besondere Thematik sind, damit Lern- und Bildungsprozesse bestmöglich gelingen, um Kompetenzen für nachhaltiges Handeln und Gestalten – insbesondere auch in der derzeitigen UN-Dekade *„Bildung für nachhaltige Entwicklungen"* – bei den Lernenden weiterzuentwickeln.

Im Sinne von **Zielsetzungen**, Schwerpunkten bzw. Unterrichtszielen wird angestrebt, dass die Jugendlichen nach Bearbeitung der Stationen einen guten Lern- und Erkenntniszuwachs haben und folgende Kompetenzen erwerben können: Sie …

- können die Grundnährstoffe Proteine, Kohlenhydrate und Fette nennen und Stärke, Eiweiß sowie Fette experimentell nachweisen (fachlich-sachliche Kompetenzen);
- sind in der Lage, protein-, kohlenhydrat- und fettreiche Lebensmittel aufzuzählen und ihre ernährungsphysiologische Bedeutung einzuschätzen (fachlich-sachliche Kompetenzen);
- können Vitamine, Mineralsalze, Wasser und Ballaststoffe hinsichtlich ihrer Bedeutung für eine ausgewogene Ernährung darlegen (fachlich-sachliche Kompetenzen);
- können den Ernährungskreis der DGE interpretieren und auf das eigene Verhalten beziehen (fachlich-sachliche Kompetenzen);
- können erklären, was bei der Verdauung der Nahrung geschieht und welche Bedeutung dies hat (fachlich-sachliche Kompetenzen);
- können anhand des Torsos oder einer Abbildung die einzelnen Stationen der Verdauung zeigen und benennen (fachlich-sachliche Kompetenzen);
- können unterschiedliche Methoden anwenden, um naturwissenschaftliche Problem- und Fragestellungen zu lösen (methodisch-strategische Kompetenzen);
- können sich im sozialen, kooperativen Lernen üben und lernen, Stärken und Schwächen bzw. Grenzen der Teamarbeit zu sehen und zu beurteilen sowie konstruktiv mit anderen zusammenarbeiten (sozial-kommunikative Kompetenzen);
- sind in der Lage, weitgehend selbstständig und selbstorganisiert das eigene Lernen zu organisieren und innerhalb eines abgesteckten Rahmens und in angemessener Zeit adäquate Aufgaben zielführend zu erledigen und zu verantworten (personal-emotionale Kompetenzen);
- erkennen die Sinnhaftigkeit der Unterrichtsthematik für sich und das subjektiv bedeutsame Wissen um „Nahrung und ge-

sunde Ernährung" für nachhaltige Entwicklungen (persönlich, sozial, ökonomisch, kulturell, ökologisch) und können dies auf die eigene Lern- und Lebenssituation anwenden (personale Kompetenzen);

- sind zunehmend besser in der Lage, ethisch verantwortlich zu handeln, auch was die eigene Situation sowie die eigene Gesundheit angeht (personal-emotionale Kompetenzen).

Die bei diesem Lernen an Stationen zum Thema „Nahrung und gesunde Ernährung" zu erwerbenden bzw. zu erweiternden **Qualifikationen** (die objektiv überprüfbar sind) und **Kompetenzen** (die nur aus dem Handeln einer Person erschließbar sind) liegen demnach sowohl im sachlich-fachlichen, im instrumentell-methodischen, im sozial-kommunikativen als auch im personal-emotionalen Bereich, wobei neben den fachlichen Kenntnissen anschlussfähige formale Fähigkeiten wie gezieltes Problemlösen, die Fähigkeit zum vernetzenden Denken und **ethisch verantwortlichen Handeln** von besonderer Bedeutung sind.

Es geht hier bei der **Weiterentwicklung des Biologieunterrichts** nicht um die Frage, ob geschlossene oder offene Unterrichtsformen geeigneter sind, Bildungsprozesse bei den Lernenden sowie den damit verbundenen Kompetenzaufbau bestmöglich zu fördern; vielmehr ist es das zentrale Anliegen der Autoren dieses Heftes, den Biologieunterricht kritisch zu überdenken, zu reflektieren und diesen schüler-, sach- und zukunftsorientiert – d. h. nachhaltig – zu optimieren, ganz im Sinne des Buchtitels von Klaus Zierer (2010): „Alles prüfen! Das Beste behalten!"

Wir als Autoren wünschen Ihnen, unseren Lesern, viel Freude und Erfolg bei Ihrer unterrichtlichen Arbeit.

Empfehlungen für die Planung, Durchführung und Auswertung des Stationenlernens

Beim Lernen an Stationen (synonym: Stationenlernen, Lernzirkel) kommt es darauf an, dass sich die Lernenden im zielorientierten Arbeiten im Team üben, ihre fachlich-sachlichen, methodisch-strategischen und sozial-kommunikativen Kompetenzen – und somit ihr sinnorientiertes Handlungswissen sowie die entsprechenden Kompetenzen – nachhaltig erweitern und sich im selbstständigen, eigenverantwortlichen, also **nachhaltigen Handeln** üben können.

Durch das Lernen an Stationen (Stationenlernen) soll der systematische Aufbau von nachhaltigem Wissen bei den einzelnen Schülern gefördert werden, d. h., mithilfe der verschiedenen Methoden wird den unterschiedlichen Lernvoraussetzungen und Lernerfahrungen der Schüler Rechnung getragen und die Lernenden können in ihrer Fach-, Methoden-, Medien- und Sozialkompetenz vorangebracht, mithin in ihrer **Handlungs-, Gestaltungs- und Urteilskompetenz** gefordert und somit auch gefördert werden.

Damit die Lernenden ihren Lernfortschritt und Kompetenzzuwachs während der Stationenarbeit feststellen können, erscheint folgende Vorgehensweise empfehlenswert und sinnvoll: *Vor* Beginn der Arbeit an den Stationen erhalten die Schüler den *Vortest*, den sie in Einzelarbeit bearbeiten sollen und mit dessen Hilfe sie ihr Vorwissen zum Thema feststellen können. Der **Vortest** verbleibt bei dem jeweiligen Schüler und wird – so unser Vorschlag – zunächst nicht korrigiert. *Nach* der Stationenarbeit erhalten die Schüler den zum Vortest identischen *Nachtest* zur individuellen (bzw. je nach pädagogisch-didaktischer Intention ggf. gemeinsamen) Bearbeitung. Den bearbeiteten **Nachtest** können die Schüler evtl. selbst korrigieren, sofern ein *Lösungsblatt* mit dem Erwartungshorizont für die verschiedenen Aufgaben zur Verfügung gestellt wird.

Zu Beginn der Stationenarbeit ist mit der Klasse sinnvollerweise zu klären und genau abzusprechen, in welchen möglichen sozialen Gruppierungen gearbeitet werden kann bzw. soll (z. B. Partnerarbeit mit einem selbst gewählten Mitschüler, Arbeit in Dreier-Zufallsgruppen etc.), wie viele Stationen insgesamt bzw. welche Stationen „**Pflichtstationen**" und welche (ggf. fakultative) „**Wahlstationen**" (Pufferstationen) für die Schüler verbindlich sind, wie viel Unterrichtszeit (Anzahl der Unterrichtsstunden) insgesamt zur Verfügung steht, wie die Fixierung bzw. Protokollierung der erarbeiteten Ergebnisse durch die Schüler erfolgen soll u. a. m. Ferner sollten die Schüler vor Beginn der eigentlichen Stationenarbeit einen orientierenden Überblick über die Themenbereiche der einzelnen Stationen erhalten, damit auch den **Interessen** und **Bedürfnissen** der Schüler bestmöglich Rechnung getragen und so das stets individuelle, durch bestimmte soziale Kontexte anregbare Lernen gefördert werden kann.

Bei Bedarf können von der Lehrperson neue Stationen selbst ausgearbeitet werden; beispielhaft seien genannt: Experimenteller Nachweis von Proteinen (z. B. Denaturierung, Biuretreaktion), Vitamine – mehr als nur Zugabe, Zitate zum Thema Nahrung und Ernährung usw.

Während der eigentlichen Stationenarbeit, die sich – je nach didaktischen Intentionen, zur Verfügung stehender Unterrichtszeit, Interessenlage der Klasse etc. – über einen Zeitraum von bis zu zehn und mehr Unterrichtsstunden (besonders günstig: Doppelstunden oder Projektphasen/ -tage) erstrecken kann, kommen der Lehrperson insbesondere die Aufgaben eines Beobachters, Diagnostikers, Beraters, Anregers und Moderators zu, denn schließlich sollen die Schüler möglichst **selbstbestimmt** und selbstständig die zu bearbeitenden Aufgaben lösen, sich selbst kontrollieren, eigenes Handeln im Sinne von Metakognition immer wieder bewusst machen und auch mit individuellen Fehlern zunehmend besser umgehen lernen (Evaluation im Sinne einer konstruktiven Fehlerkultur).

Am Ende der Stationenarbeit sollte auf eine Lernerfolgs- bzw. Ergebnissicherung und gemeinsame Vergewisserung über die korrekten

Ergebnisse an den einzelnen Stationen und Reflexion des Stationenlernens im Sinne von Meta-Unterricht auf keinen Fall verzichtet werden. Hierzu bieten sich verschiedene Möglichkeiten an, von denen einige im Folgenden im Sinne einer Auswahl genannt sind:

- Jeweils eine Schülergruppe stellt die Ergebnisse *einer* bestimmten Lernstation vor (mittels Versuchen, Plakaten, Powerpoint-Präsentation etc.).
- Die Ergebnisse jeder Lernstation werden im *Klassengespräch* besprochen und gemeinsam fixiert.
- Der *Erwartungshorizont* für jede Station liegt auf einem bestimmten Tisch im Klassenzimmer oder Fachraum aus, sodass die Schüler ihre Ergebnisse mit denen der Modelllösung vergleichen und die eigenen Lösungen ggf. korrigieren und komplettieren können.

Lösungen

Die Lösungen zu den einzelnen Stationen sind benutzerfreundlich am Ende dieses Hefts abgedruckt. Sie können beispielsweise als Erwartungshorizont der Lehrperson sowie zur **Schülerselbstkontrolle** bei Vortest und Nachtest eingesetzt – und während der Stationenarbeit an zentraler Stelle im Klassen- oder Fachraum ausgelegt – werden und so das selbstständige, eigenverantwortliche, ziel- und prozessorientierte Lernen der Jugendlichen gezielt fördern.

Hinweise zur Entsorgung der Abfälle bei den Versuchen

Wie bei allen Versuchen muss auch beim weitgehend selbstständigen Lernen der Schüler an den Stationen darauf geachtet werden, dass einerseits die Sicherheitsbestimmungen eingehalten werden und auch alle Schülerinnen und Schüler beim Experimentieren grundsätzlich ihre Schutzbrillen tragen, andererseits die sach- und fachgerechte Verwendung der Chemikalien sowie die Entsorgung der Versuchsabfälle den Lernenden in Erinnerung gerufen wird und von der Lehrperson sicherzustellen und in geeigneter Form zu kontrollieren ist.

Hinweise für das Lernen an Stationen

1. Arbeitet mit eurem Partner oder in Kleingruppen (3er- oder 4er-Gruppen) zusammen an den Aufgaben der Stationen und unterstützt euch gegenseitig.

2. Geht mit den Materialien an den Stationen sorgfältig um. Führt die Versuche genau und vorsichtig durch. Tragt bei den Versuchen stets eine Schutzbrille.

3. Entsorgt die Abfallchemikalien sachgemäß und reinigt nach den Versuchen die Geräte.

4. Holt euch zu Beginn der Stationenarbeit die benötigten Materialien von ihrem Aufbewahrungsort (z. B. Wandschrank, Laborwagen, Tisch) und bringt die Materialien nach beendeter Arbeit an der Station wieder an ihren Platz zurück.

   Alternativ: Die Stationen mit den Materialien bleiben aufgebaut und die Gruppen wandern von Station zu Station.

5. Achtet darauf, dass die Materialien stets vollzählig sind und in gutem Zustand bleiben.

6. Bearbeitet die Aufgaben an den Stationen sorgfältig und zügig.

7. Notiert (protokolliert) eure Ergebnisse übersichtlich, vollständig und optisch ansprechend.

8. Fertigt eure Skizzen stets mit einem spitzen Bleistift mittlerer Härte (Empfehlung: HB) an.

9. Versucht die auftretenden Fragen und Probleme möglichst in der Kleingruppe selbstständig zu lösen.

10. Kommt ihr dennoch bei bestimmten Aufgaben nicht weiter, so wendet euch an die Lehrperson.

11. Füllt den Laufzettel bei jeder Stationenarbeit so aus, dass ihr einen Überblick über die bereits bearbeiteten Stationen und die dafür benötigte Zeit habt.

... und nun viel Freude und Erfolg!

Übersicht über die Stationen mit Laufzettel

Name: ______________________ Klasse: ______ Datum: ____________

Station	Name	Datum	Dauer (in Min.)	Zusammen-arbeit mit …	Bemerkungen	Kontrolle
1	Was nehme ich täglich an Nahrung zu mir?					
2	Ernährungssituation auf der Erde					
3	Wozu brauchen wir Nahrung?					
4	Geregelter Tagesablauf und Leistungskurve					
5	Ohne Wasser kein Leben					
6	Bedeutung und Nachweis von Fetten					
7	Bedeutung und Nachweis von Eiweiß (Protein)					
8	Bedeutung und Nachweis von Kohlenhydraten					
9	Bedeutung von Vitaminen, Mineralstoffen und Ballast-stoffen					
10	Der Weg der Speisen im Körper					
11	Gesunde Ernährung					
12	Energie in der Nahrung macht's möglich					
A	*Ernährungsprobleme in verschiedenen Ländern*					
B	*Essstörungen*					
C	*Wörtersuchrätsel „Nahrung und gesunde Ernährung"*					
D	*RICHTIG oder FALSCH?*					
E	*Vegetarische Ernährung*					

Vortest/Nachtest „Nahrung und gesunde Ernährung“ (1)

Name: ______________________ Klasse: ______ Datum: ____________

◯ **Vortest**

Maximal erreichbare Punktzahl: **24**
(22 Punkte + 2 Jokerpunkte)

◯ **Nachtest**

Erreichte Punktzahl: ______

1. Die drei mengenmäßig größten Nährstoffgruppen (Grundnährstoffe) sind: **(3 P.)**

- ______________
- ______________
- ______________

2. Vervollständige folgende Sätze: **(4 P.)**

Neben den Grundnährstoffen (siehe Aufgabe 1) benötigt unser Körper noch zusätzlich ______________, ______________ und ______________ sowie Ballaststoffe (Pflanzenfasern u. a.). ______________ beispielsweise ist ein Spurenelement, das zum Aufbau von Hämoglobin, dem Blutfarbstoff in den roten Blutkörperchen, notwendig ist; ohne dieses Spurenelement könnte unser Blut keinen Sauerstoff transportieren.

3. Ein Jugendlicher von etwa 12 bis 15 Jahren sollte bei seiner Nahrungszusammensetzung auf Folgendes achten (bitte die richtige Aussage ankreuzen): **(1 P.)**

◯ jeweils gleiche Mengen an Fetten, Kohlenhydraten und Eiweiß in der täglichen Nahrung

◯ doppelt so viel Eiweiß wie Fette und Kohlenhydrate

◯ halb so viel Fett wie Eiweiß und Kohlenhydrate

◯ die Hälfte der Nahrung als Eiweiß und jeweils ein Viertel der Nahrung Fette und Kohlenhydrate

◯ zwei Drittel Kohlenhydrate und ein Drittel Fette und Eiweiß (etwa gleiche Mengen)

Zeichne die Aussage, die du als richtig empfindest, als Kreisdiagramm und beschrifte dieses. **(2 P.)**

Vortest/Nachtest „Nahrung und gesunde Ernährung“ (2)

Name: ______________________ Klasse: ______ Datum: ____________

4. Wie lassen sich die äußerlich sehr ähnlichen Stoffe Stärke und Traubenzuckerpulver im Experiment einfach unterscheiden? Skizziere den Versuch und beschreibe kurz experimentelle Vorgehensweise, Beobachtungen und Ergebnis (Erkenntnis). **(2 P.)**

Skizze:

Durchführung: ______________________________________

____

Beobachtungen: ______________________________________

____

Erkenntnis/Ergebnis: ______________________________________

____

5. Ordne „Energieaufwand in kJ pro Stunde“ und „Tätigkeiten“ einander zu, indem du die zutreffenden Bausteine miteinander verbindest. Beachte, dass die Angaben als Näherungs- oder Durchschnittswerte zu verstehen sind. **(3 P.)**

Energieaufwand in kJ pro Stunde	Tätigkeit
3500	Liegen/Ausruhen
2000	Schreiben, Hausaufgaben erledigen
5000	Radfahren
1500	Tischtennis
80	Judo, Fußball
250	Schwimmen
800	Bergsteigen, Radrennen

Vortest/Nachtest „Nahrung und gesunde Ernährung“ (3)

Name: ______________________ Klasse: ______ Datum: __________

6. In der folgenden Abbildung ist die „Tagesleistungskurve eines Menschen“ („Biokurve“) dargestellt. Beschrifte die Abbildung und erläutere sie. **(4 P.)**

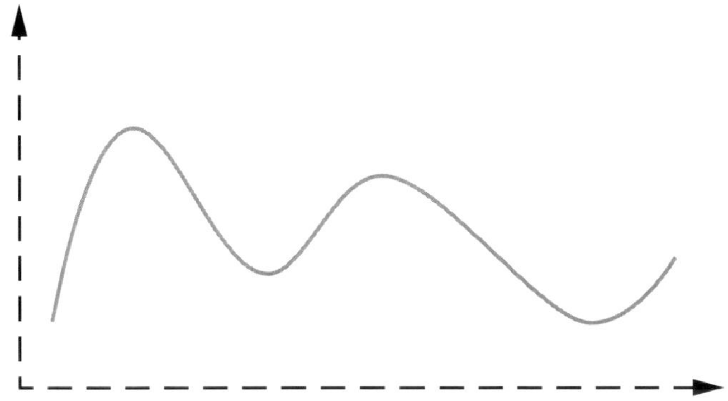

7. Die Verdauung der Nahrung beginnt ____________________ ; hier wird ______________ in ____________________ abgebaut. Die Hauptverdauung findet im 3 bis 4 m langen __________________ statt. Die ___________________-stoffe (häufig vorhanden beispielsweise in Vollkornbrot und Gemüse) verlassen den Magen-Darm-Kanal, ohne dass sie _____________________ wurden; diese Stoffe fördern jedoch den Abbau der Hauptnährstoffe im Körper und sind deshalb sehr wichtig für unsere Ernährung. **(3 P.)**

***Jokeraufgabe (freiwillige Zusatzaufgabe)**

Was weißt du über Skorbut? Berichte. **(2 P.)**

____

____

____

____

____

____

____

Station 1: Was nehme ich täglich an Nahrung zu mir?

Name: ______________________ Klasse: ______ Datum: ____________

Verschiedene Menschen in unterschiedlichen Ländern, aber auch Menschen in Deutschland, ernähren sich ganz unterschiedlich. Die Ursachen dafür sind sehr verschieden. An dieser Station soll sich jeder Schüler seine eigene Ernährung bewusst machen.

Frühstück in Deutschland

Frühstück in Japan

Mögliche Homepages mit Informationen:
www.boeser-wolf.schule.de/frankreich/restaurant/infos.html
https://www.geo.de/geolino/kreativ/9146-rtkl-so-isst-die-welt

Aufgaben

1. Lasst den gestrigen Tag an eurem geistigen Auge nochmals vorbeiziehen. Überlegt euch dann, was ihr gestern zu welcher Zeit gegessen und getrunken habt. Schätzt die ungefähren Mengen (in Gramm bzw. Milliliter). Tragt die Angaben in die folgende Tabelle ein.

	Uhrzeit	**Getränke**	**Speisen**	**Sonstiges**
Frühstück				
Zwischendurch				
Mittagessen				
Zwischendurch				
Abendessen				
Später am Abend				

2. Vergleicht eure Eintragungen. Was könnt ihr erkennen? Überlegt auch, wie sich körperliche Betätigung auswirkt.

Station 2: Ernährungssituation auf der Erde

Name: ______________________ Klasse: ______ Datum: __________

Auf der Erde leben derzeit über 8 Milliarden Menschen – Tendenz stark steigend. Doch nicht auf allen Teilen der Welt ist die Ernährung für die Menschen sichergestellt, wie ihr an dieser Station erfahren könnt.

Material:
Biologiebücher, Lexika, Internet

Mögliche Homepages mit Informationen:
files.schulbuchzentrum-online.de/pdf/978-3-14-114149-8-2-l.pdf
https://erdkunde24.com/hungerguertel-der-erde-bedeutung-laender-gruende-erklaerung-xz1/

Aufgaben

1. a) Was versteht man unter der „Bevölkerungsexplosion"?

____

____

b) Welches sind Ursachen der Bevölkerungsexplosion? Notiert fünf in der folgenden Tabelle.

Ursachen

2. a) Was versteht man unter dem „Welthungergürtel"?

____

____

b) Nennt mindestens fünf von den Ländern, die im sog. Welthungergürtel liegen.

____

3. Wissenschaftler gehen davon aus, dass insbesondere durch Bildungseinrichtungen das Welthungerproblem gelöst werden kann. Was ist darunter zu verstehen?

____

____

Station 3: Wozu brauchen wir Nahrung?

Name: ______________________________ Klasse: ______ Datum: ____________

Ohne Sauerstoff könnten wir nur wenige Minuten leben, ohne Wasser nur wenige Tage und ohne Nahrung nur wenige Wochen. Besonders dann, wenn wir uns angestrengt oder längere Zeit nichts gegessen haben, ist unser Hunger sehr groß. An dieser Station erfahrt ihr Näheres über die Bedeutung der Nahrung für uns Menschen.

Lebensmittel auf einem Wochenmarkt

Material: Biologiebücher, Lexika, Internet

Mögliche Homepage mit Informationen:
www.medienwerkstatt-online.de
(Suchbegriffe: Die Inhaltsstoffe der Nahrung, Ernährung – Energie zum Leben)

Aufgaben

1. Die allermeisten Menschen haben am Morgen großen Appetit und freuen sich auf das Frühstück, obwohl sie nachts nur geschlafen und nichts gearbeitet haben. Wie kommt es, dass wir auch nach dem Schlafen Hunger haben?

____

____

____

2. Nennt mindestens 5 Beispiele, wofür unser Körper Energie benötigt.

____

____

____

3. Lebensmittel (Nahrungsmittel) liefern dem Körper nicht nur Energie, sondern auch Baustoffe. Ohne Nahrung könnte kein Mensch wachsen und sich entwickeln. Beschreibt, wofür ein Mensch Baustoffe benötigt.

____

____

____

Station 4: Geregelter Tagesablauf und Leistungskurve („Biokurve“)

Name: ______________________ Klasse: ______ Datum: ____________

Für eine gesunde Ernährung ist nicht nur die richtige Zusammensetzung der Nahrung wichtig, sondern auch die zeitliche Verteilung der Mahlzeiten über den Tag. An dieser Station erfahrt ihr Näheres über die Leistungskurve eines Menschen während eines Tages sowie die Verteilung der Nahrungsaufnahme über den Tag hinweg.

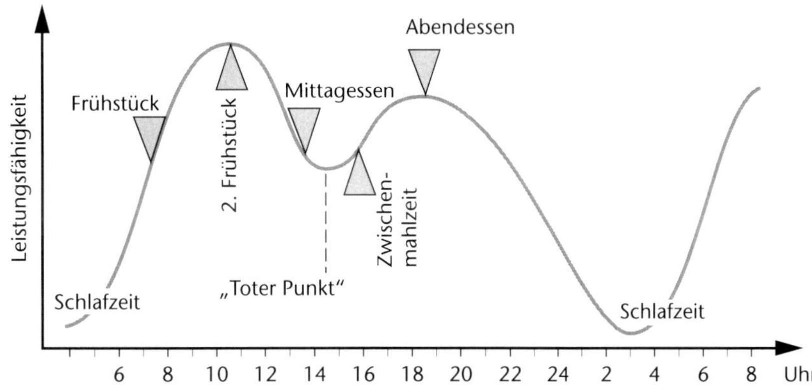

Leistungskurve eines Menschen („Biokurve“) und Aufnahme von Nahrung im Tagesverlauf (Schema)

Materialien: Biologiebuch, Lexika, ggf. Internet

Mögliche Homepage mit Informationen:
https://www.geo.de/wissen/13369-rtkl-biorhythmus-die-unerbittliche-innere-uhr

Aufgaben

1. Denkt nochmals an den gestrigen Tag: Schließt die Augen und lasst den Tag etwa eine Minute lang vor eurem geistigen Auge vorbeiziehen.

a) Schreibt auf, zu welcher Uhrzeit ihr gestern etwas gegessen habt. (Beispiel: 7.00 Uhr: Frühstück mit heißer Schokolade und 1 Brot mit Butter und Marmelade)

____

____

b) Auf wie viele (große und kleinere) Mahlzeiten pro Tag kommt ihr im Durchschnitt? Notiert die Zahl.

______ Mahlzeiten pro Tag (im Durchschnitt)

2. Die Leistungsfähigkeit ist an einem Tag zu verschiedenen Zeiten unterschiedlich hoch.

a) Nennt Zeiten am Tag, an denen ihr eure Leistungsfähigkeit besonders hoch einschätzt (sog. „Leistungshochs“).

____

____

b) Nennt Zeiten am Tag, an denen ihr eure Leistungsfähigkeit besonders niedrig einschätzt (sog. „Leistungstiefs“).

____

____

3. Seht euch die obige Abbildung zur „täglichen Leistungskurve“ genau an. Seht ihr einen Zusammenhang mit eurer Leistungseinschätzung sowie zwischen eurer Leistungskurve und euren täglichen Mahlzeiten? Wenn ja, welche?

Station 5: Ohne Wasser kein Leben (1)

Name: ______________________ Klasse: ______ Datum: ____________

Wasser ist lebenswichtig – es ist unser wichtigstes Lebensmittel. Etwa zwei Drittel unseres Körpers bestehen aus Wasser. Wasser gibt es bei uns in Deutschland im Überfluss und sauberes Wasser kommt bei uns aus jedem Wasserhahn. Das ist nicht überall auf der Welt so. Über 2 Milliarden Menschen haben keine Möglichkeit, sich mit sauberem Trinkwasser zu versorgen. Alle 5 Sekunden stirbt ein Mensch an einer Krankheit, die mit ungenügender Wasserversorgung zusammenhängt. In vielen Ländern der Erde werden erbitterte Kämpfe um das Trink- und Bewässerungswasser geführt, weil es vielerorts knapp ist. An dieser Station erfahrt ihr nähere Einzelheiten zum Thema Wasser und lernt, Wasser nachzuweisen.

Ohne Wasser kann kein Lebewesen existieren

Materialien:
Atlas, Biologiebuch, Internet, trockenes (weißes) Kupfersulfat ($CuSO_4$; Xn), Schutzbrille, Teelöffel oder Spatellöffel, Pipette, 4 Uhrgläschen, Salatöl, ggf. weitere Lebensmittel

Mögliche Homepages mit Informationen:
www.medienwerkstatt-online.de (Suchbegriff: Wasser – Eine wichtige Lebensgrundlage)
https://www.br.de/kinder/index.html (Suchbegriff: Trinken)

Aufgaben

1. Woran liegt es, dass man nach körperlicher Anstrengung sehr durstig ist?

____

____

2. Schlagt in Biologiebüchern nach oder recherchiert im Internet, wie hoch der Wassergehalt beim Menschen ist. Vervollständigt dann die folgende Übersicht, indem ihr in die Säule den Wassergehalt einzeichnet und in % eintragt.

Station 5: Ohne Wasser kein Leben (2)

Name: ______________________ Klasse: ______ Datum: ____________

3. Wie ist es zu erklären, dass die Haut bei älteren Menschen faltig ist?

____

____

____

____

4. Wasser hat in unserem Körper zahlreiche wichtige Aufgaben. Ordnet den hier aufgeführten Aufgaben des Wassers die entsprechenden Berufe zu.

Aufgaben des Wassers	**Berufe**
Transport von Sauerstoff, Nährstoffen und Abfallstoffen	Laborant
Ausscheidung von Abfallstoffen	Techniker
Lösungsmittel für Salze, Zucker, Vitamine, Hormone usw.	Spediteur
Regulierung der Körpertemperatur	Entsorger

5. Wasser kann man leicht im Versuch nachweisen: Gebt dazu auf vier Uhrgläschen jeweils ½ Teelöffel weißes Kupfersulfat. Fügt dann mittels Pipette jeweils einige Tropfen Wasser, Apfelsaft, Zitronensaft und Salatöl hinzu. Ihr könnt auch weitere Lebensmittel auf Wasser „testen". Vergleicht dazu die Flüssigkeiten mit dem Wasser-Gläschen. Ist Wasser vorhanden, so färbt sich das weiße Kupfersulfat blau. (Schutzbrille verwenden und für ausreichend Belüftung sorgen.)

a) In welchen Uhrgläschen tritt eine Farbveränderung auf?

____

____

b) Welche Schlussfolgerungen zieht ihr aus den Versuchsbeobachtungen?

____

____

Entsorgungshinweis: Die Versuchsabfälle mit Kupfersulfat in den betreffenden Chemikalien-Abfallbehälter mit den „Schwermetallen" geben. Nicht in den Abguss!

Station 6: Bedeutung und Nachweis von Fetten (1)

Name: ______________________ Klasse: ______ Datum: ____________

Fette spielen in unserem Leben eine wichtige Rolle – ohne Fett in der Nahrung können wir nicht leben. An dieser Station lernt ihr, wie man Fette leicht nachweisen kann und welche Bedeutung sie für uns spielen.

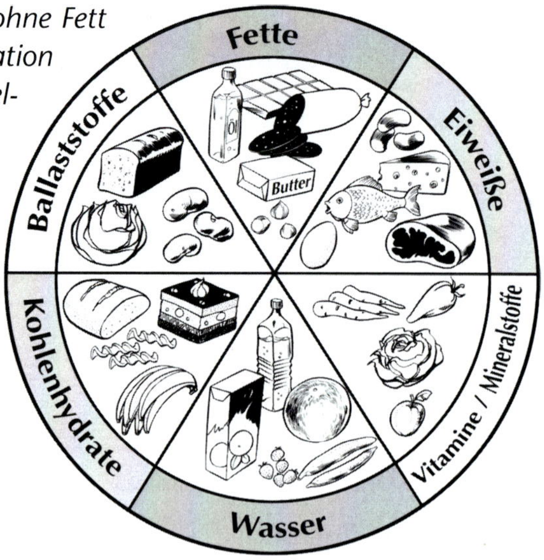

Materialien: Filterpapier, verschiedene Salatöle (z. B. Sonnenblumenöl, Rapsöl, Distelöl, Olivenöl), Butter, Margarine, Salami, Schinken, Mineralwasser, Milch, Leitungswasser, Apfelsaft, Biologiebücher, Biologielexika, ggf. Internet

Mögliche Homepage mit Informationen:
https://www.barmer.de/gesundheit-verstehen/leben/ernaehrung/gesunde-fette-1129828

Aufgaben

1. Nachweis von Fetten:

a) Verreibt auf einem Papierfilter ein kleines Stück Butter, ein kleines Stück Salami, ein kleines Stück Schinken und etwas Margarine. Markiert und beschriftet die Flächen mit Bleistift, indem ihr sie umrandet und mit Namen verseht. Gebt dann jeweils einige Tropfen Leitungswasser, Milch, Mineralwasser, Apfelsaft und verschiedene Salatöle auf den Papierfilter; markiert diese Flächen ebenfalls und beschriftet sie.

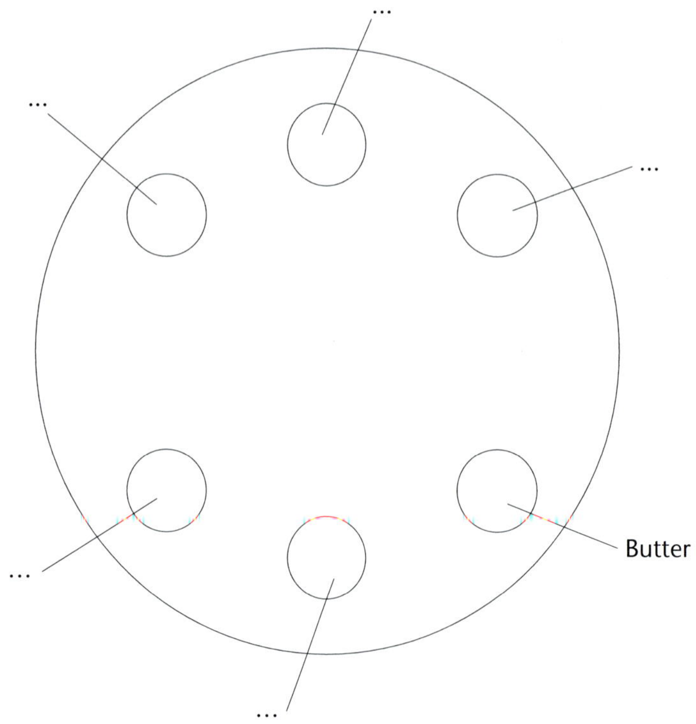

Station 6: Bedeutung und Nachweis von Fetten (2)

Name: ______________________________ Klasse: ______ Datum: ____________

b) Lasst das Filterpapier einige Minuten in der Sonne liegen, damit die Flecken trocknen können. Ihr könnt das Filterpapier auch für einige Minuten auf einen warmen Heizkörper legen oder mit dem Fön kurz (ca. 1–2 Minuten) trocknen.

c) Welche Flächen trocknen, welche trocknen nicht? Vervollständigt dazu die folgende Tabelle und entscheidet dann, in welchen Lebensmitteln Fett mithilfe der „Fettfleckprobe“ nachweisbar ist.

Lebensmittel	**Fleck trocknet (bitte ankreuzen)**		**enthält Fett (d. h. die Fettfleckprobe ist positiv)**
	Ja	**Nein**	
Butter			
Margarine			
Salami			
Leitungswasser			
Milch			
Mineralwasser			
Apfelsaft			
Sonnenblumenöl			
Distelöl			
…			
…			

Hinweis: Die „Fettfleckprobe“ ist eine einfache Möglichkeit, um Fette in Lebensmitteln schnell nachzuweisen.

Station 6: Bedeutung und Nachweis von Fetten (3)

Name: ______________________ Klasse: ______ Datum: __________

2. Verschiedene Lebensmittel enthalten unterschiedliche Mengen an Fett. Sucht aus der Übersicht jeweils 5 fettreiche und 5 fettarme Lebensmittel heraus und schreibt sie unten ein.

Nährstoffgehalt von Lebensmitteln

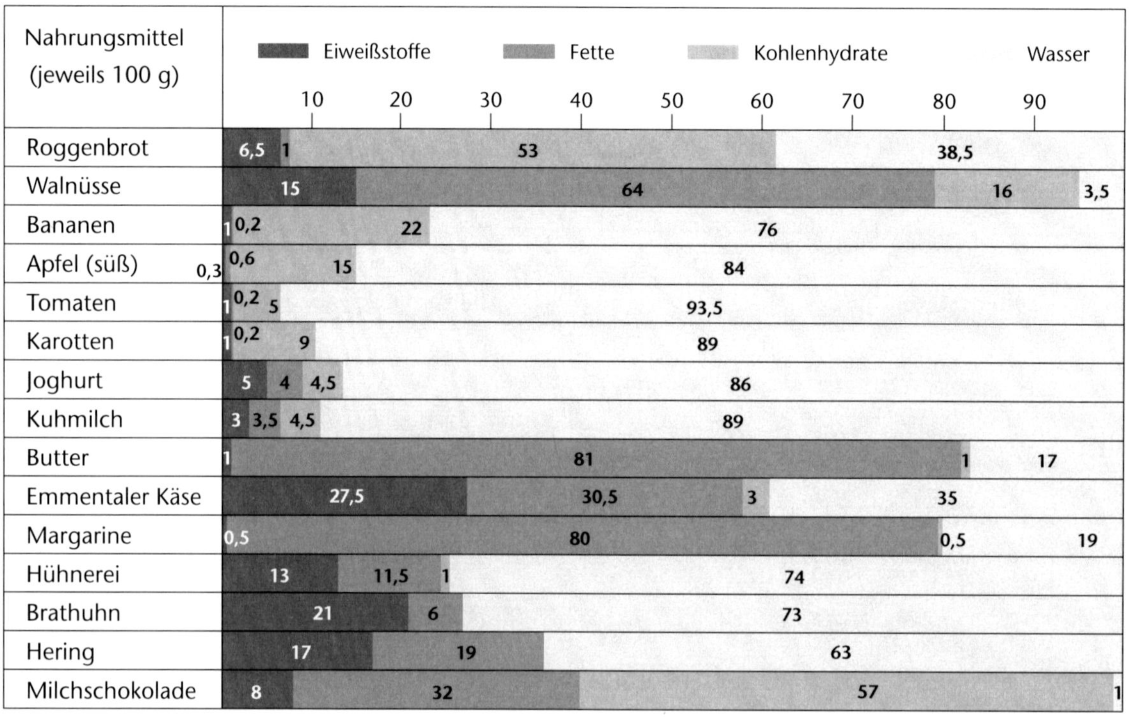

Fett<u>arme</u> Lebensmittel (Fettgehalt in %; Durchschnittswerte):

____

____

Fett<u>reiche</u> Lebensmittel (Fettgehalt in %; Durchschnittswerte):

____

____

3. Schlagt in Büchern nach oder recherchiert im Internet, welche Rolle Fette bei uns im Körper spielen. Schreibt mindestens vier Beispiele auf:

a) ____

b) ____

c) ____

d) ____

e) ____

Station 7: Bedeutung und Nachweis von Eiweiß (Protein) (1)

Name: ______________________ Klasse: ______ Datum: ____________

Lebensmittel sind nötig, damit wir leben können. Die Versorgung mit Eiweiß über die Nahrung ist für uns in den Industrienationen meist kein Problem – ganz im Gegensatz zu den Schwellen- und Entwicklungsländern. An dieser Station erfahrt ihr Näheres über Eiweiß und seine Bedeutung für uns Menschen sowie über die Möglichkeit, Eiweiß in der Nahrung nachzuweisen.

a) Milchprodukte und Eier

b) Gemüse

Materialien: Protein-(Eiweiß-)Teststäbchen, Milch, Leitungswasser, Mineralwasser, Salatöl, Apfelsaft, Karottensaft, Hühnerei, Molke, Kefir, Bechergläser (50 ml)

Mögliche Homepages mit Informationen:
https://www.barmer.de/gesundheit-verstehen/leben/ernaehrung/was-sind-proteine-1055888
https://www.simplyscience.ch/welt-der-gene/articles/eiweisse-werden-produziert.html
www.bmi-rechner.net/eiweiss-tabelle.htm

Aufgaben

1. Schlagt nach bzw. recherchiert, welche Bedeutung Eiweiß für unseren Körper hat. Notiert mindestens vier Beispiele.

   a) ______________________ b) ______________________

   c) ______________________ d) ______________________

2. Ein Jugendlicher sollte täglich ca. 80 Gramm Eiweiß zu sich nehmen. Schlagt nach, wie viel jeweils von den folgenden Lebensmitteln gegessen werden müsste, um den täglichen Eiweißbedarf durch ein Lebensmittel zu decken:

Weißbrot:	________ g	Roher Schinken:	________ g
Roggenbrot:	________ g	Kartoffeln:	________ g
Zwieback:	________ g	Bananen:	________ g
Hühnerei: (Hinweis: ein Ei wiegt ca. 50 Gramm)	________ g	Rindfleischfilet oder Kabeljau:	________ g

Station 7: Bedeutung und Nachweis von Eiweiß (Protein) (2)

Name: ______________________ Klasse: ______ Datum: __________

3. Nachweis von Eiweiß (Protein) mittels Protein-Teststäbchen. Lest zunächst die Gebrauchsanweisung für die Teststäbchen.

Gebt kleine Mengen von Eiklar, Milch, Joghurt, Kefir, Apfelsaft, Leitungswasser, Mineralwasser, Salatöl u. a. in verschiedene Bechergläser. Haltet dann in jede Flüssigkeit ein Eiweiß-Teststäbchen hinein. Wertet anschließend die Versuche aus und tragt die Ergebnisse in die folgende Tabelle ein.

Hinweis: Bei festen Lebensmitteln (z. B. Äpfeln, Schinken) haltet den Eiweiß-Teststreifen kurz gegen eine frische Schnittfläche.

Versuchsskizze:

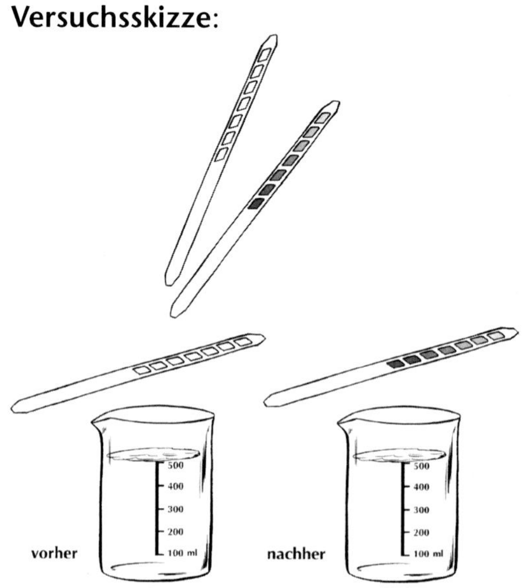

Lebensmittelprobe	Färbung des Eiweiß-Teststreifens	Auswertung/Folgerung
Milch		
Joghurt		
Kefir		
Apfelsaft		
Leitungswasser		
Mineralwasser		
Salatöl		
Schinken		
…		

Entsorgungshinweis: Protein-Teststäbchen mit dem Hausmüll entsorgen.

4. Sehr schwierige **Joker-Aufgabe**: „Kartoffeln mit Quark sind eine vollwertige, gesunde Speise beispielsweise für abends – nicht nur für Jugendliche, sondern auch für Erwachsene." Begründet die Richtigkeit dieser Aussage. Schlagt dazu in Büchern nach bzw. recherchiert im Internet.

____

____

____

Station 8:
Bedeutung und Nachweis von Kohlenhydraten (1)

Name: ______________________ Klasse: ______ Datum: ____________

Traubenzucker, Haushaltszucker und Stärke gehören zu den Kohlenhydraten. Damit unsere Muskeln, unser Herz, unser Gehirn und unsere Leber Tag für Tag leistungsfähig sind, müssen wir ausreichend Kohlenhydrate über die Nahrung zu uns nehmen.
An dieser Station lernt ihr die Bedeutung der Kohlenhydrate für unseren Körper kennen und erfahrt, wie man einzelne Kohlenhydrate nachweisen kann.

reifer Maiskolben

Materialien: Biologiebuch, Lexika, Lugol'sche Lösung (Iodkaliumiodid-Lösung), Pipette, Stärkepulver, Kartoffel, Teststäbchen/-streifen für Traubenzucker (z. B. Glucotest), Traubenzucker, Haushaltszucker, Maiskörner, Kochsalz, Messer, Spatel, 5 Uhrgläschen

Mögliche Homepage mit Informationen: https://www.apotheken-umschau.de/gesund-bleiben/ernaehrung/was-sind-eigentlich-kohlenhydrate-711747.html

Aufgaben

1. Nachweis von **Traubenzucker** – Zucker ist nicht gleich Zucker

a) Gebt in 5 Uhrgläschen etwa 1 ml Wasser und anschließend eine kleine Menge von folgenden Stoffen (siehe Abbildung).

Wasser (Kontrollversuch) | *Wasser und Haushaltszucker* | *Wasser und Stärke* | *Wasser und Traubenzucker* | *Wasser und Kochsalz*

b) Haltet jeweils ein Traubenzucker-Teststäbchen (oder einen Teststreifen) in die Lösungen und notiert die Farbveränderungen am Teststäbchen/-streifen in der folgenden Tabelle.

	Farbveränderungen am Teststreifen/-stäbchen	**Folgerung/Auswertung**
Wasser (Kontrollversuch)		
Wasser und Haushaltszucker		
Wasser und Stärke		
Wasser und Traubenzucker		
Wasser und Kochsalz		

Hinweis: Mit Traubenzucker-Teststreifen kann man prüfen, ob ein Nahrungsmittel Traubenzucker (Glucose) enthält. Ist Traubenzucker enthalten, färbt sich der Teststreifen grün. Je mehr Traubenzucker vorhanden ist, desto dunkler ist die Grünfärbung.

Station 8: Bedeutung und Nachweis von Kohlenhydraten (2)

Name: ______________________ Klasse: ______ Datum: __________

c) Überprüft andere Lebensmittel (z. B. Apfelsaft, Cola-Getränke, Apfel, Birne) mittels Traubenzucker-Teststreifen und haltet die Ergebnisse in Tabellenform fest.

Entsorgungshinweis: Traubenzucker-Teststreifen mit dem Hausmüll entsorgen.

2. Nachweis von **Stärke**

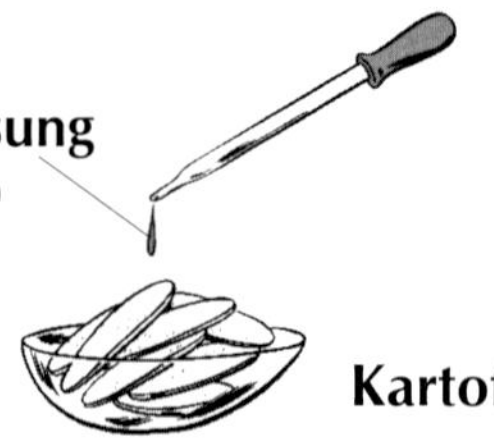

Prüft analog obiger Versuchsskizze verschiedene Lebensmittel (z. B. reines Wasser, Brot, Traubenzucker, Kochsalz, Stärkepulver, Mehl, Apfel, Teigwaren, Honig usw.), ob sich bei diesen Lebensmitteln Stärke nachweisen lässt. Haltet die Versuchsbeobachtungen in der Tabelle fest und wertet anschließend die Beobachtungen aus.

Untersuchte Lebensmittel	Farbveränderung mit Lugol'scher Lösung	Auswertung/Folgerung
Wasser		
Traubenzucker		
Kochsalz		
Stärkepulver		
Mehl		
Apfel		
Nudeln		
Reis		
Kartoffel		

Hinweis: Mit Iod-Lösung, genauer Iodkaliumiodid-Lösung (Lugol'scher Lösung), kann man prüfen, ob ein Nahrungsmittel Stärke enthält. Ist Stärke enthalten, färbt sich die gelbbraune Iod-Lösung dunkelblau bis violett.

Entsorgungshinweis: Beim zuständigen Amt nachfragen, wie die Lugol'sche Lösung entsorgt werden muss. Es gibt hierfür keine einheitlichen Bestimmungen.

Station 8:
Bedeutung und Nachweis von Kohlenhydraten (3)

Name: ______________________ Klasse: ______ Datum: ____________

3. Maispflanzen benötigen zum Wachsen viel Sonne; in den gelben Maiskolben werden Traubenzucker und Stärke gespeichert, aber auch Eiweiß und Fett. Mais ist somit ein wertvolles kohlenhydratreiches Nahrungsmittel, das wir Menschen beispielsweise als Gemüsemais und Popcorn essen. Die folgende Abbildung zeigt, wie die von den Maispflanzen gebundene Sonnenenergie ihren Weg auf unsere Speiseteller findet.

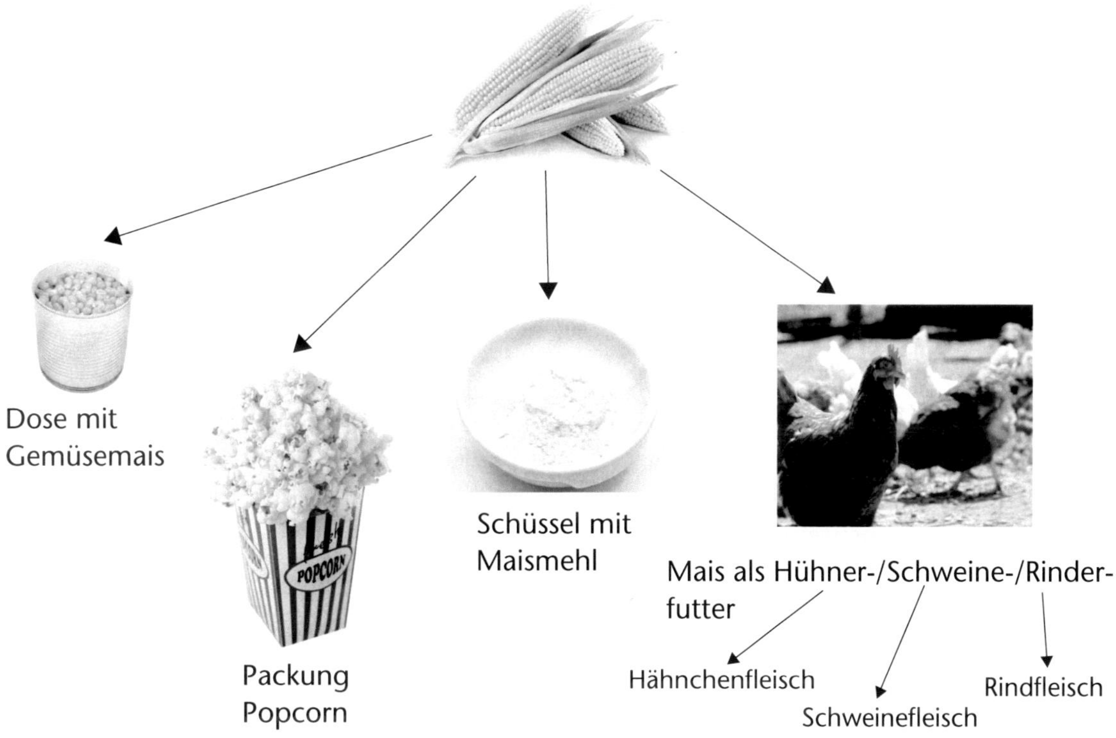

Nennt fünf Lebensmittel (außer Mais), die viel Stärke enthalten (über 15 %).

____

____

____

4. **Traubenzucker** ist unser wichtigster **Energiespender**. Den größten Teil an Traubenzucker nehmen wir in Form von Stärke über die Nahrung auf. Nennt einige Situationen, in denen wir schnell möglichst viel Traubenzucker benötigen.

____

____

____

Station 9: Bedeutung von Vitaminen, Mineralstoffen und Ballaststoffen (1)

Name: ________________________ Klasse: ______ Datum: __________

In unseren Lebensmitteln sind bestimmte Stoffe vorhanden, die für unsere Gesundheit förderlich sind. Kohlenhydrate, Fette und Eiweiße sind allseits bekannt, während Vitamine und Mineralstoffe (Mineralsalze) sowie Ballaststoffe oftmals weniger beachtet werden, für unsere Gesundheit aber sehr wichtig sind. An dieser Station lernt ihr einige Aspekte zu Vitaminen, Mineralstoffen und Ballaststoffen kennen.

Materialien: Biologiebuch, Lexika, Internet

Mögliche Homepages mit Informationen:
www.planet-wissen.de (Suchbegriff: Skorbut)
www.lernen-heute.de/mineralstoffe.html

Bestandteile unserer Lebensmittel (Schema)

Aufgaben

1. In der obigen Abbildung sind in den jeweiligen Kreissegmenten bestimmte Lebensmittel abgebildet, in denen eine bestimmte Gruppe von Stoffen, die für unsere Ernährung wichtig sind, schwerpunktmäßig und in relativ großen Mengen vorkommt. Ordnet den Ziffern 1–6 die entsprechenden Stoffgruppen zu: Eiweiß, Fette, Ballaststoffe, Wasser, Kohlenhydrate, Mineralstoffe (Mineralsalze) und Vitamine.

   1 ⇒ ____________________

   2 ⇒ ____________________

   3 ⇒ ____________________

   4 ⇒ ____________________

   5 ⇒ ____________________

   6 ⇒ ____________________

2. Trotz ausreichender Zufuhr von Wasser, Kohlenhydraten, Fetten und Eiweiß kann es vorkommen, dass für eine gesunde Ernährung bestimmte Stoffe fehlen und wir krank werden. So beobachtete man im Mittelalter, dass Seeleute auf langen, mehrmonatigen Schiffsreisen krank wurden, obwohl sie genügend Eiweiß, Wasser, Kohlenhydrate und Fette zu sich nahmen. Diese damals geheimnisvolle, sehr gefürchtete Krankheit mit dem Namen „Skorbut" verlief meist tödlich.

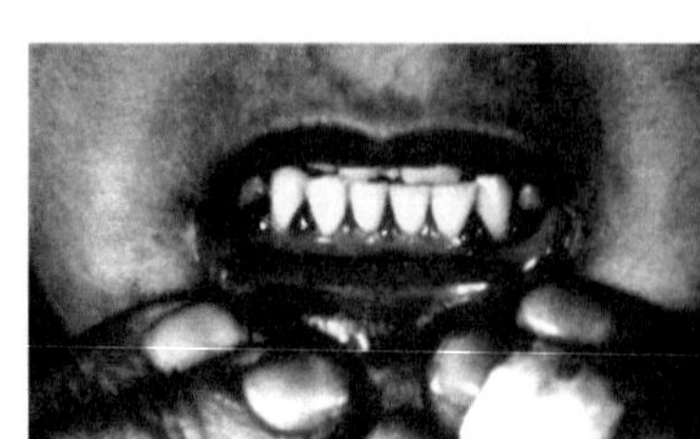

Station 9: Bedeutung von Vitaminen, Mineralstoffen und Ballaststoffen (2)

Name: ______________________ Klasse: ______ Datum: __________

Informiert euch in Biologie- oder Hauswirtschaftsbüchern bzw. im Internet über diese „**Seemannskrankheit**"; notiert Ursache und Symptome für diese Krankheit. Berichtet, wie man dieser Krankheit vorbeugen kann.

Ursache: ______________________

____

Symptome: ______________________

____

Abhilfe (und Vorbeugung): ______________________

____

3. Mineralstoffe (Mineralsalze) und Spurenelemente sind für das Arbeiten der Organe von großer Bedeutung. Vervollständigt die folgende Übersicht.

Mineralstoff bzw. Spurenelement	Bedeutung im Körper	Vorkommen in ...	Menge im menschlichen Körper (in Gramm)	Bedarf täglich (in Gramm)
	Baustoff für Knochen und Zähne	Milch, Käse, Fleisch, Mineralwasser	1 700	1
	Baustoff für Knochen; wichtig für Energieversorgung der Organe; Bestandteil der Erbsubstanz	Fleisch, Fisch, Ei, Milch, Kartoffel	700	1
	Weiterleitung von Erregungen in den Nervenzellen; Bestandteil im Blut und im Schweiß	Fisch, Ei, Fleisch, Gemüse	80	2
	Wichtig für Stoffwechsel, Muskel- und Nerventätigkeit	Fisch, Ei, Fleisch, Milch, Kartoffel, Gemüse	30	2
	Bestandteil des Hämoglobins (roter Blutfarbstoff); Bestandteil von Enzymen	Fleisch, Fisch, Ei, Mehl, Teigwaren, Honig	4	0,015

4. Was sind „Ballaststoffe" und welche Bedeutung haben sie für eine gesunde Ernährung?

____

____

____

Station 10: Der Weg der Speisen im Körper (1)

Name: ______________________ Klasse: ______ Datum: __________

Alle unsere Zellen benötigen Bestandteile aus unserer Nahrung. Hierzu ist es erforderlich, dass die Nahrung zunächst zerkleinert und dann in kleinste Bestandteile zerlegt wird, die von Blut und Lymphe in die verschiedenen Teile des Körpers transportiert werden. An dieser Station lernt ihr nähere Einzelheiten über den Weg der Nahrung im Körper sowie die Verdauung kennen.

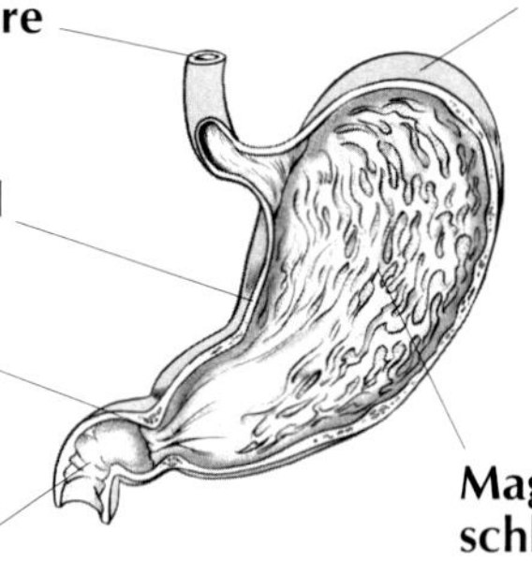

Materialien: Biologiebuch, Biologielexika, ggf. Internet, Informationstext und Informationsbausteine, Abbildung der „Verdauungsorgane", Klebstoff, Schere, Pappbecher, Trinkröhrchen, durchsichtiger Silikonschlauch (mind. 20 cm Länge), Erbse (oder Perle oder Glaskugel)

Aufgaben

1. Verdauung:

a) Was versteht man unter „Verdauung" und welche Bedeutung hat sie? Lest dazu den kurzen Informationstext zu Station 10 „Der Weg der Speisen im Körper" durch und haltet dann in schriftlicher Kurzform das Wichtigste fest.

____

____

____

____

____

____

b) „Gut gekaut ist halb verdaut." Erläutert, was sich hinter dieser Aussage verbirgt.

____

____

____

____

____

____

Station 10: Der Weg der Speisen im Körper (2)

Name: ______________________ Klasse: ______ Datum: ____________

c) Beschriftet die folgende Abbildung zum Gebiss eines Kleinkindes und eines Erwachsenen; malt die verschiedenen Zahntypen mit unterschiedlichen Farben an: Schneidezähne: grün; Eckzähne: rot; Vorderbackenzähne: hellblau; Hinterbackenzähne: dunkelblau.

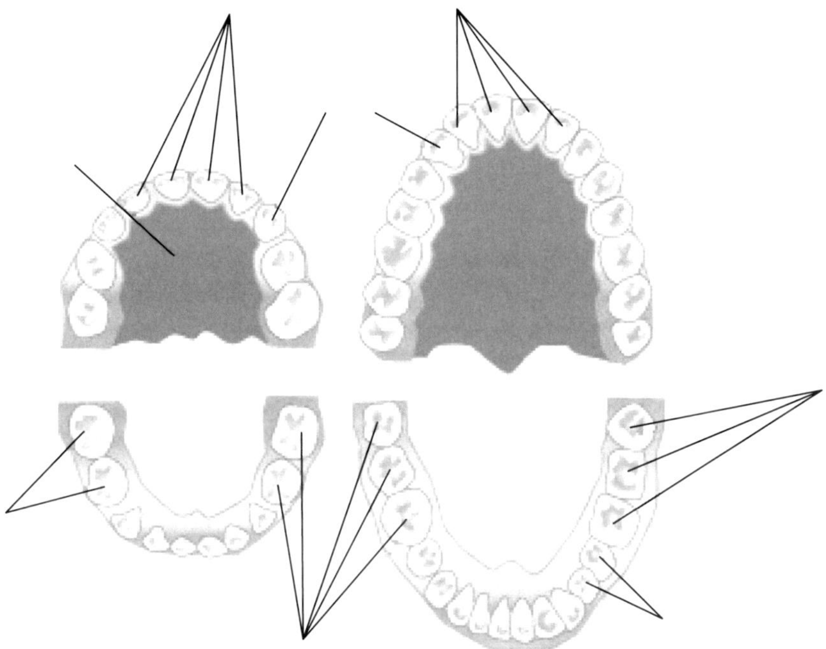

d) Wie viele Zähne hat ein Milchgebiss, wie viele Zähne hat ein bleibendes Gebiss (Erwachsenengebiss)?

____

____

e) Welche Zähne fehlen bei einem Milchgebiss gegenüber einem Erwachsenengebiss?

____

____

f) Welches sind die „Weisheitszähne" (malt sie in der Abbildung blaugrün an und beschriftet sie entsprechend) und weshalb nennt man sie so?

____

____

Station 10: Der Weg der Speisen im Körper (3)

Name: ______________________ Klasse: ______ Datum: __________

2. Versuche:

a) Ein Schüler macht einen Handstand, indem er seine Beine an eine Wand anlehnt. Mithilfe eines Trinkröhrchens trinkt er aus einem Becher Wasser. Notiert eure Ideen, wie das möglich sein könnte.

b) Dieser Versuch hilft zu verstehen, wie das „Trinken im Handstand" (siehe Versuch a) oder in der Schwerelosigkeit des Weltraums möglich ist. Nehmt den durchsichtigen Schlauch und eine Kugel (z. B. Erbse, Perle), die so groß ist, dass sie zwar in den Schlauch passt, nicht aber hindurchrollt. Transportiert die Kugel durch den Schlauch und beschreibt das Vorgehen.

Hinweis: Dieser Versuch ist ein Modellversuch, der verständlich macht, wie die Speisebissen durch die Speiseröhre in den Magen gelangen. Ähnliches geschieht beim Trinken im Handstand

Station 10: Der Weg der Speisen im Körper (4)

3. Ordnet den abgebildeten Organen der Verdauung deren Namen und Aufgaben zu. Schneidet zunächst die Kärtchen auf der Seite „Übersicht über den Weg der Speisen im Körper" aus und legt sie an die richtige Stelle der Abbildung. Lest dann zur Kontrolle die **FETT** gedruckten Großbuchstaben von rechts nach links bzw. oben nach unten – ihr erhaltet ein Lösungswort, das viel mit dem Thema „Ernährung" zu tun hat. Habt ihr die Kärtchen in der richtigen Reihenfolge gelegt und korrekt den Verdauungsorganen zugeordnet, so klebt die Kärtchen mit Klebstoff fest.

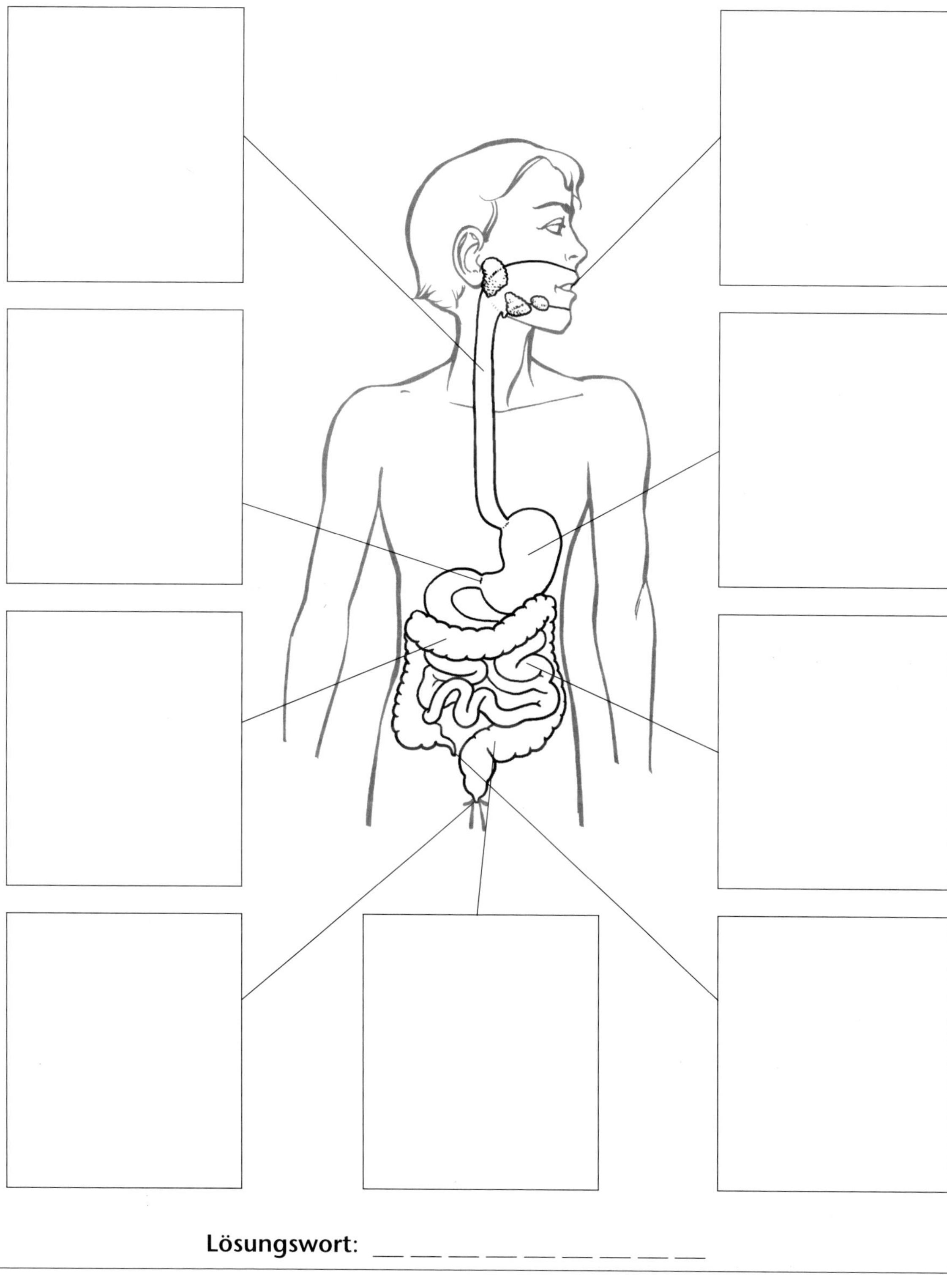

Lösungswort: _ _ _ _ _ _ _ _ _

Informationstext zu Station 10: Der Weg der Speisen im Körper

Verdauung und Zähne

Damit alle Zellen unseres Körpers optimal versorgt werden können, muss unsere Nahrung verdaut werden. Bei der **Verdauung** werden bestimmte Bestandteile der Nahrung in kleine Bausteine zerlegt. Viele Nahrungsbestandteile werden dadurch wasserlöslich. Sie können dann aus dem Magen und dem Darm gut in den Körper aufgenommen werden. Blut und Lymphflüssigkeit transportieren die verdauten Nahrungsbestandteile, aber auch Mineralstoffe und Vitamine in alle Teile des Körpers und versorgen auf diese Weise alle unsere Zellen.

Die Verdauung beginnt im Mund und wird in Magen und Darm fortgesetzt. „Gut gekaut ist halb verdaut", sagt ein Sprichwort. In diesem Sprichwort steckt viel Wahres: Stark zerkleinerte, gut eingespeichelte Nahrung kann leichter und schneller verdaut werden als große, unzerkaute Nahrungsbrocken.

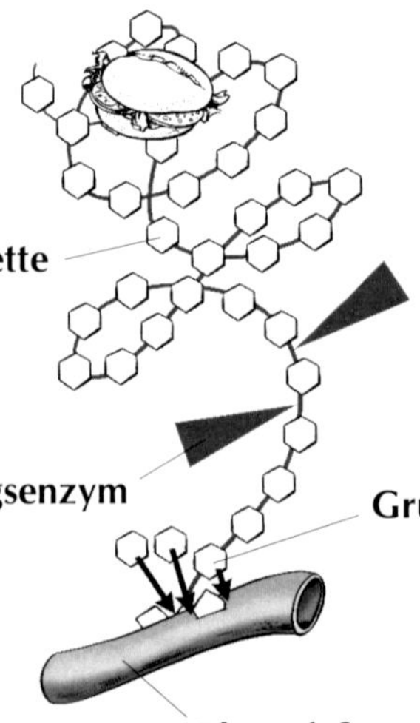

Die ersten **Milchzähne** sieht man bei Säuglingen mit etwa einem halben Jahr. Vorher können die Säuglinge aufgenommene Nahrung nicht kauen und erhalten deshalb Muttermilch und später ergänzende Babynahrung (z.B. Obstbrei, Karottenbrei). Erst mit etwa 2 Jahren ist das Milchgebiss mit seinen 20 Zähnen komplett; je Kieferhälfte findet man 2 Schneidezähne, 1 Eckzahn und 2 Backenzähne, d.h. 5 Zähne. Zwischen dem 5. und dem 10. Lebensjahr erfolgt der Zahnwechsel; in diesen Jahren werden die 20 Milchzähne durch 32 bleibende Zähne ersetzt. Beim **bleibenden Gebiss** (Erwachsenengebiss) findet man pro Kieferhälfte 2 Schneidezähne, 1 Eckzahn und 5 Backenzähne (2 Vorderbackenzähne und 3 Hinterbackenzähne).

Den hintersten Backenzahn in jeder Kieferhälfte nennt man in der Umgangssprache auch Weisheitszahn; früher glaubte man, dass Menschen mit Weisheitszähnen besonders weise und klug sind. Klugheit und Weisheit sind aber nicht an das Vorhandensein von diesen „Weisheitszähnen" gebunden; bei manchen durchaus sehr klugen Menschen fehlen diese Weisheitszähne.

Ballaststoffe (z.B. Pflanzenfasern von Spargel, Schalenhülle von Leinsamen) sind unverdaulich und werden unverändert im Kot ausgeschieden. Ballaststoffe fördern jedoch die Verdauung, indem sie infolge ihrer faserigen Struktur den Darm zu verstärkter Bewegung anregen, sodass der Verdauungsbrei gut durchmischt wird. Verdauungsenzyme können dadurch die verdaubare Nahrung schneller und besser verdauen.

Übersicht über den Weg der Speisen im Körper

A

Im etwa 4 m langen Dünndarm findet die Hauptverdauung statt: Eiweiße, Fette und Kohlenhydrate werden verdaut. Durch die Dünndarmwand werden die Verdauungsprodukte (z. B. Traubenzucker) ins Blut aufgenommen.

V

Die Verdauung beginnt im Mund: Die Nahrung wird zerkleinert, eingespeichelt und Stärke zu Zucker verdaut.

R

Im Magen werden durch die Magensäure viele in der Nahrung vorhandene Krankheitserreger abgetötet und das Eiweiß wird besser verdaulich.

U

Der dünne Nahrungsbrei, der viel Wasser enthält, gelangt vom Dünndarm in den Dickdarm. Hier werden dem Nahrungsbrei Mineralstoffe und Wasser (pro Tag bis zu 10 Liter) entzogen.

G

Der After ist das „Ende" des Verdauungstraktes; über ihn wird der Kot ausgeschieden.

N

Den letzten Abschnitt des Dickdarms nennt man Mastdarm. Hier wird der eingedickte Kot (unverdaute Nahrungsreste, Ballaststoffe, abgestorbene Zellen der Verdauungsorgane usw.) gesammelt.

E

Die im Mund geformten Bissen gelangen über die Speiseröhre in den Magen.

U

Am Übergang vom Dünndarm zum Dickdarm ist der Blinddarm mit dem Wurmfortsatz zu finden. Der Blinddarm dient aber nicht der Verdauung, sondern vorwiegend der Abwehr von Krankheitserregern.

D

Über den verschließbaren Magenausgang, den Pförtner, wird der Nahrungsbrei schubweise in den Dünndarm geschoben.

Station 11: Gesunde Ernährung (1)

Name: ______________________ Klasse: ______ Datum: ____________

Die Menschen auf der Welt ernähren sich unterschiedlich. An dieser Station erfahrt ihr Näheres über Ernährungsgewohnheiten und die in der jeweiligen Nahrung enthaltenen Nährstoffe. Daraus könnt ihr Verhaltensregeln (Tipps) für eine gesunde Ernährung ableiten.

Frühstück, Pausenbrot und Mittagessen (Beispiele)

Material: Internet, Plakat

Mögliche Homepages mit Informationen:
www.wikipedia.de (Suchbegriff: Frühstück)
https://www.geo.de/geolino/mensch/262-rtkl-essen-so-fruehstueckt-die-welt

Aufgaben

1. Die Ernährungsgewohnheiten bei verschiedenen Völkern auf der Erde sind sehr unterschiedlich. Trotz ihrer unterschiedlichen Herkunft müssen die Lebensmittel jedoch einen vergleichbaren Nährwert haben.
   Informiert euch über die Ernährungsgewohnheiten von mindestens vier verschiedenen Völkern (z. B. Japaner, Inuit, US-Amerikaner, Italiener, Schweden) und vergleicht eine Mahlzeit (z. B. Frühstück) bei verschiedenen Nationen. Berichtet und haltet die Ergebnisse in der folgenden Tabelle fest.

Volk	**Herkunft (Land, Kontinent)**	**Mahlzeit (z. B. Frühstück)**	**Typische Lebensmittel dieser Mahlzeit**

2. Berechnet, wie viel an welchen Nährstoffen in folgender Mahlzeit vorhanden sind. Nutzt dazu auch die Übersicht über die Zusammensetzung von Lebensmitteln.

   <u>Frühstück eines deutschen Jugendlichen (Beispiel)</u>:
   1 Scheibe Roggenbrot (50 Gramm)
   10 Gramm Butter
   20 Gramm Bienenhonig
   1 Hühnerei (40 Gramm)
   1 Glas Orangensaft (200 ml, ca. 200 g)
   1 Tasse Vollmilch (100 ml, ca. 100 g)

Station 11: Gesunde Ernährung (2)

Name: ______________________ Klasse: ______ Datum: ____________

Tabelle: Nährstoffzusammensetzung ausgewählter Lebensmittel

Lebensmittel	100 g Lebensmittel enthalten (in Gramm; Durchschnittswerte)				
	Eiweiß	**Fett**	**Kohlenhydrate**	**Mineralstoffe**	**Wasser**
Rindfleisch, mager	15	15	1	1	68
Hering	17	20	1	1	61
Roggenbrot	6	1	50	1	42
Butter	1	80	1	1	17
Bienenhonig	0,1	0,1	70	0,1 – 1	30
Hühnerei	10	10	1	1	77
Orangensaft	0,5 – 1	0,5	9	1	90
Vollmilch (3,5 % Fett)	3,5	3,5	5,5	0,1 – 0,5	87

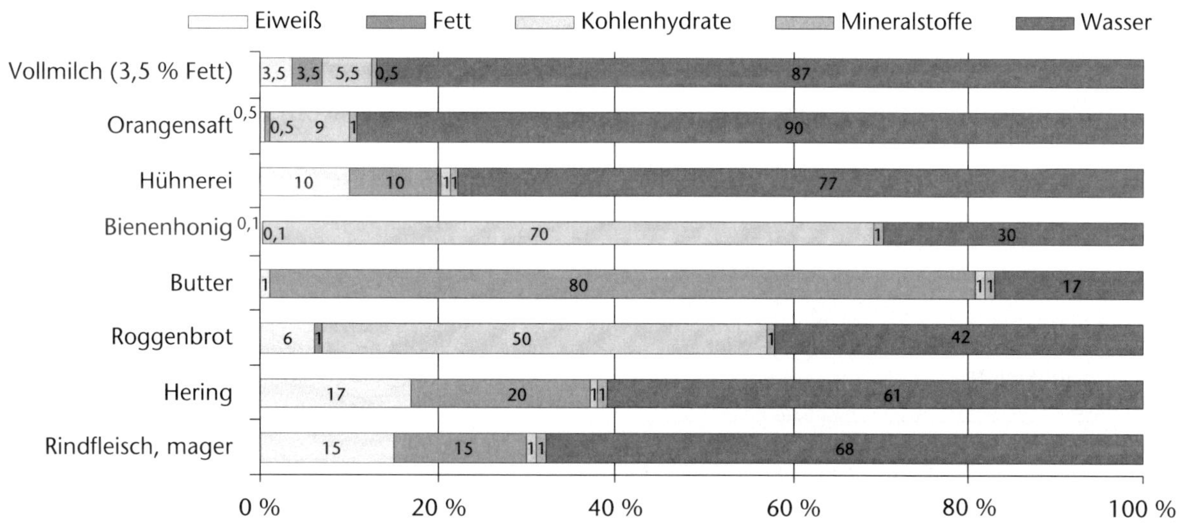

Berechnung:

Lebensmittel (in Gramm)	Kohlenhydrate (in Gramm)	Fette (in Gramm)	Eiweiß (in Gramm)	Mineralsalze (in Gramm)	Wasser (in Gramm)
Roggenbrot (50 g)					
Butter (10 g)					
Bienenhonig (20 g)					
Hühnerei (40 g)					
Orangensaft (200 g)					
Vollmilch (100 g)					

3. Stellt mindestens fünf „Regeln einer gesunden Ernährung" zusammen. Schreibt diese Regeln – optisch ansprechend und Mut machend – auf ein Plakat.

Station 12:
Energie in der Nahrung macht's möglich (1)

Name: ______________________ Klasse: ______ Datum: ______________

In jeder Sekunde benötigt unser Körper Energie – ganz gleich, ob wir schlafen, über einer Knobelaufgabe sitzen oder Fußball spielen. An dieser Station lernt ihr, wofür unser Körper wie viel Energie benötigt.

Im Fitnessstudio

Material: Biologiebuch, Lexika, Internet

Mögliche Homepages mit Informationen:
www.bmi-rechner.net/kalorientabelle.htm
www.medienwerkstatt-online.de (Suchbegriff: Der Energiebedarf des menschlichen Körpers)

Aufgaben

1. Für alle messbaren Größen (Entfernungen, Temperaturen usw.) hat man Maßeinheiten international festgelegt. Die Energiemenge wird heute oft in **Kilojoule** (kJ) angegeben. Früher verwendete man meistens die Energieeinheit Kilokalorie (kcal).

a) Ordnet den verschiedenen Tätigkeiten den entsprechenden **Energiebedarf pro Stunde** zu, indem ihr jeweils eine Tätigkeit mit der zugehörigen kJ-Menge verbindet.

Tätigkeiten	**Energiebedarf pro Stunde (Durchschnittswerte)**
Im Sitzen lesen	40 kJ
Auf dem Bett ruhig liegen, Musik hören	50 kJ
Bergsteigen, Radrennen fahren	80 kJ
Schlafen	250 kJ
Fußball spielen, Judo	800 kJ
Unterricht, Hausaufgaben, leichte Arbeit	2000 kJ
Radfahren	3500 kJ
Schwimmen (außerhalb Wettkampf)	4000 kJ
Garten umgraben	5000 kJ

Station 12:
Energie in der Nahrung macht's möglich (2)

Name: ______________________ Klasse: ______ Datum: __________

b) Berechnet den **Energiebedarf eines Jugendlichen (12–14 Jahre alt) pro Tag**; geht von folgenden Zeitspannen und Tätigkeiten für diesen Tag aus:

- Schlafen: 8 Stunden ⇒ _____ kJ
- Unterricht und Hausaufgaben: 9 Stunden ⇒ _____ kJ
- Fußball/Handball spielen: 2 Stunden ⇒ _____ kJ
- Lesen/Musik hören: 2 Stunden ⇒ _____ kJ
- leichte körperliche Arbeit im Haus: 2 Stunden ⇒ _____ kJ
- Radfahren: 1 Stunde ⇒ _____ kJ

gesamt: _____ kJ

2. Der Energiegehalt in verschiedenen Lebensmitteln ist sehr unterschiedlich.

a) Schlagt nach, wie groß der Energiegehalt von 100 Gramm … ist:

Fett _____ kJ

Eiweiß _____ kJ

Kohlenhydrate _____ kJ

d. h., der Energiegehalt in __________ ist mehr als __________ so hoch wie der in __________ oder __________, was für die Ernährung von großer Bedeutung ist.

b) Vervollständigt die kJ-Angaben für die Lebensmittel in der folgenden Tabelle:

Lebensmittel	kJ (pro 100 g)
Walnüsse	
Roggenbrot	
Roggenvollkornbrot	
Butter	
Hühnereier	
Sonnenblumenöl	
Kartoffeln	
Äpfel	
Tomaten	

Welches sind in obiger Tabelle die …

- zwei energie**reichsten** Lebensmittel? ____________________
- zwei energie**ärmsten** Lebensmittel? ____________________

Station A: Ernährungsprobleme in verschiedenen Ländern (1)

Name: ______________________ Klasse: ______ Datum: ____________

Beinahe täglich erreichen uns alarmierende Bilder aus Afrika: Fast eine Milliarde Menschen auf der Erde hungern, während die anderen Menschen mehr oder weniger gut mit Wasser und Nahrung versorgt sind. An dieser Station lernt ihr Ursachen dieser Ernährungskatastrophe kennen sowie Möglichkeiten, was man dagegen tun kann.

Unterernährte Kinder in Afrika

Material: Biologiebücher, Lexika, Internet

Mögliche Homepage mit Informationen:
https://www.welthungerhilfe.de/informieren/hunger/hungersnot-auf-der-welt-ursachen-folgen

Aufgaben

1. Eigentlich sollte die Nahrungsmenge, die auf der Erde produziert wird, für die aktuell über 8 Milliarden Menschen auf der Erde reichen – trotzdem hungern heute fast 800 Millionen Menschen (10 % der Weltbevölkerung; Quelle: WFP, 2023). Vor allem fehlt es ihnen an hochwertigem Eiweiß, wie es hauptsächlich in Fleisch, Milch und Milchprodukten reichlich zu finden ist. Eiweißmangel schwächt die Widerstandkräfte gegen Krankheiten, und bei Säuglingen und Kleinkindern wird die körperliche und geistige Entwicklung gehemmt. Zu körperlicher Arbeit sind diese Menschen als Erwachsene nur sehr eingeschränkt in der Lage.
   Während wir im Überfluss leben, verhungern jährlich über 20 Millionen Menschen – die meisten sind Kinder: Etwa jede zweite Minute verhungert weltweit ein Kind. Berechnet, wie viele Kinder jährlich auf unserer Erde verhungern.

   ____

2. Die Versorgung mit Nahrung ist auf der Erde sehr ungleich, wie die folgende Tabelle zeigt.

   Tabelle: Versorgung mit Nahrungsmitteln in verschiedenen Ländern: Nahrungsmittel in Gramm je Tag und Einwohner (Auswahl; Werte gerundet)

Land	Stärkehaltige Lebensmittel (z. B. Mais, Reis)	Fleisch	Milch und Milchprodukte	Fette, Öle	Kilojoule (kJ)
USA	350	300	600	80	15 000
Deutschland	500	200	550	70	10 000
Pakistan	400	10	200	20	9 000
Indonesien	650	15	10	20	8 500
Algerien	400	25	70	25	8 500
Nigeria	1 200	20	20	20	7 500
Kamerun	1 500	25	40	5	9 000
Peru	800	0	60	20	8 000

Station A:
Ernährungsprobleme in verschiedenen Ländern (2)

Name: ______________________ Klasse: ______ Datum: ____________

a) Fleisch und Milch sowie Milchprodukte enthalten besonders viel hochwertiges Eiweiß; pro Tag und Person sollte – bei Jugendlichen, Erwachsenen und älteren Menschen – die Eiweißzufuhr etwa 1 Gramm pro Kilogramm Körpergewicht betragen. Vergleicht die zur Verfügung stehende Fleisch-, Milch- und Milchprodukt-Mengen in verschiedenen Ländern und berichtet.

____

____

b) Beispiel Peru: Die täglichen Mahlzeiten in Peru, der Heimat der Kartoffel, sehen tagtäglich wie folgt aus:

- Frühstück: Suppe mit Mais und Kartoffeln, etwas Milch
- Mittagessen: Mais und Kartoffeln (in Öl geröstet), wenig Fleisch und Gemüse
- Abendessen: Mais und Kartoffeln, etwas Gemüse, etwas Milch und Milchprodukte

Was fällt euch bei den Mahlzeiten der Peruaner auf? Vergleicht den Speisezettel der Peruaner mit uns in Deutschland.

____

____

____

3. „Gibst du einem an Durst leidenden Menschen eine Flasche Trinkwasser, so hilfst du ihm am betreffenden Tag. Bringst du ihm bei, einen Brunnen zu graben, so hilfst du ihm für ein Leben." Besprecht diese Aussage und leitet daraus Hilfsmaßnahmen für die Menschen in Hungerregionen ab.

In vielen Ländern brauchen die Menschen (meist Aufgabe der Frauen und Kinder) für die tägliche Versorgung mit Wasser mehrere Stunden

Station B: Essstörungen

Name: ______________________ Klasse: ______ Datum: __________

Die Menschen in Deutschland haben ganz unterschiedliche Ernährungsgewohnheiten. Manche fühlen sich zu dick, andere zu dünn, wieder andere hätten ganz gerne eine andere Figur, andere eine schönere Haut usw. Eine ausgewogene Ernährung kann helfen, dass man sich besser fühlt.

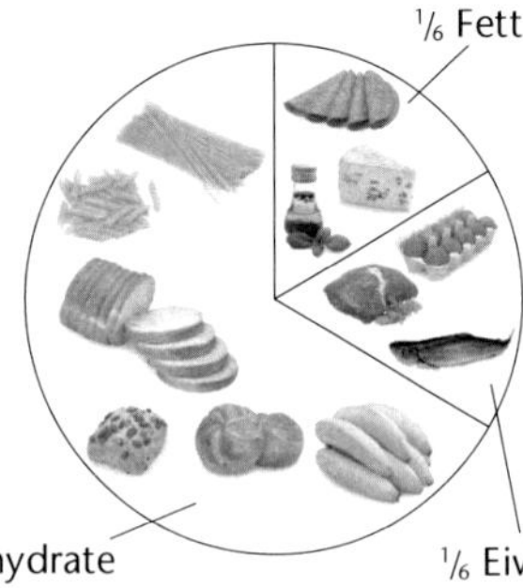

„Gesunde" Mahlzeit und „ungesunde" Mahlzeit

Doch gibt es leider auch Essstörungen insbesondere bei Jugendlichen, die zu schweren Krankheiten führen können. An dieser Station lernt ihr einige dieser Essstörungen kennen – und was man dagegen tun kann.

Materialien: Informationstexte (siehe folgende Seiten)

Aufgaben

1. Vergleicht die drei Essstörungen anhand der folgenden Tabelle miteinander.

Essstörung	Symptome (Merkmale)	Ursachen	Abhilfe

2. „Methoden zur Beurteilung des Körpergewichts"

a) Besprecht die drei verschiedenen Methoden zur Beurteilung des Körpergewichts. Wo seht ihr die Vorteile der einzelnen Methoden?

___

___

b) Berechnet euren BMI. Wie beurteilt ihr den für euch individuell errechneten BMI hinsichtlich eures Körpergewichts?

___

___

c) Welche Gefahren liegen darin, wenn man den BMI kritiklos anwendet?

___

___

Informationstexte zu Station B: „Essstörungen“ (1)

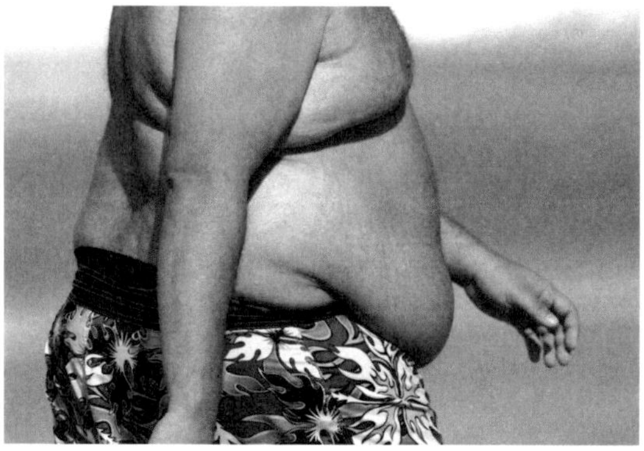

Esssucht (Fettleibigkeit; Adipositas). Wer einmal zu viel isst, muss nicht gleich dick werden – wer aber regelmäßig zu viel isst, kann an Esssucht leiden. Typisch für Esssucht sind immer wieder plötzlich aufkommende, zwanghafte Heißhungeranfälle. Meist haben die Esssüchtigen bei diesen zwanghaften Heißhungerattacken jedoch keinen Hunger auf Essen, sondern das Essen ist eine Reaktion auf Unbehagen oder unangenehme Gefühle wie Ärger, Langeweile, Angst, Trauer usw. Meist sind Jugendliche von Esssucht betroffen. Sie essen sehr schnell und viel zu viel. Die Folge davon ist meist Übergewicht. Ohne fremde Hilfe fällt es den Betroffenen meist schwer, wieder normalgewichtig zu werden.

Ess-Brech-Sucht (Bulimie). Wie bei der Esssucht kommt es auch hier zu krankhaften Heißhungeranfällen, bei denen sehr schnell und sehr viel gegessen wird. Kurz danach folgt aber schon die Reue und der Versuch, die Essensaufnahme rückgängig zu machen. Nicht selten wird Erbrechen herbeigeführt, kombiniert mit Abführmitteln. Manchmal wird über eine anschließende Diät probiert, die Gewichtszunahme zu verhindern. Die Betroffenen haben oft das Gefühl, sich nicht mehr kontrollieren zu können, und ziehen sich immer mehr zurück. Auf den ersten Blick fallen die an Bulimie Erkrankten in der Öffentlichkeit oft gar nicht auf, sehen sie doch ganz normal aus. Meist kann den Betroffenen nur durch ärztliche Unterstützung geholfen werden, von der Sucht loszukommen.

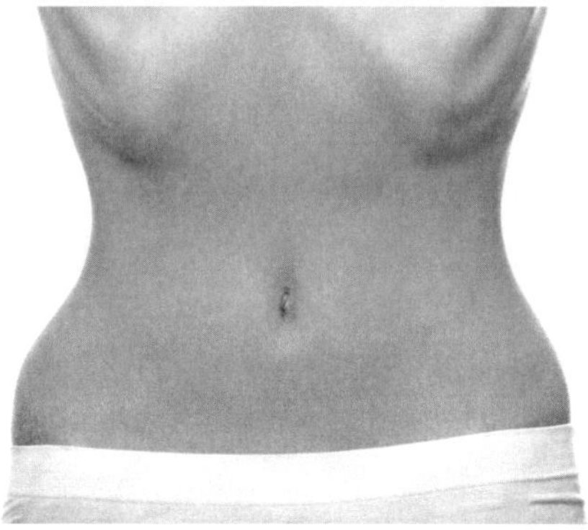

Magersucht (Anorexie). Meist sind Jugendliche und junge Erwachsene von Magersucht (Anorexia nervosa) betroffen. Diese Menschen sind streng darauf bedacht, ihre Nahrungsaufnahme genau zu kontrollieren – fast alles dreht sich bei ihnen ums Essen und das eigene Gewicht. Sie haben schreckliche Angst davor, trotz aller Vorsicht beim Essen zu dick zu werden – auch wenn sie schon stark untergewichtig oder gar spindeldürr sind. Oft kochen diese Menschen sehr gerne – insbesondere für andere, ohne selbst viel davon zu essen. Mädchen und junge Frauen sind von Magersucht fast 20-mal so häufig betroffen wie Jungen und Männer.

Informationstexte zu Station B: „Essstörungen" (2)

Methoden zur Beurteilung des Körpergewichts

Methode 1: Einfache Faustregeln

a) Normalgewicht in kg: Körpergewicht in cm minus 100

b) Übergewicht: Körpergewicht mit mehr als 5 % über dem Normalgewicht

c) Untergewicht: Körpergewicht mit mehr als 5 % unter dem Normalgewicht

Methode 2: Body-Mass-Index (BMI)

Eine andere Möglichkeit zur Beurteilung des Körpergewichts ist der Body-Mass-Index (BMI); dieser errechnet sich wie folgt:

$$\text{BMI} = \frac{\text{Körpergewicht (in kg)}}{\text{Quadrat der Körpergröße (in m}^2\text{)}}$$

Liegt die errechnete Index-Zahl zwischen 20 und 25, so spricht man von Normalgewicht. Liegt die Index-Zahl unter 20, spricht man von Untergewicht. Von leichtem Übergewicht spricht man, wenn die errechnete Index-Zahl über 25 liegt. Allerdings müssen Statur, Muskelmasse, Schwere der Knochen u. a. m. mit berücksichtigt werden, bevor man leichtfertig von „Übergewicht" oder „Untergewicht" spricht.

Methode 3: Wohlfühlgewicht

Diese Methode geht davon aus, dass es für jeden Menschen ein individuelles Gewicht gibt, bei dem sie/er sich wohl fühlt; man spricht auch von „Wohlfühlgewicht". Dieses Normalgewicht stellt sich bei Menschen meist recht schnell wieder ein, wenn sie beispielsweise nach einem längeren Krankenhausaufenthalt wieder genesen sind oder wenn sie eine „Reduktionsdiät" (Kur zum Abnehmen) hinter sich haben.

Station C: Wörtersuchrätsel „Nahrung und gesunde Ernährung"

Name: ______________________ Klasse: ______ Datum: ____________

Diese Station solltet ihr erst dann bearbeiten, wenn ihr mindestens 5 Pflichtstationen erledigt habt. Ihr könnt diese Station in mehreren Etappen bearbeiten.

Aufgabe

Im folgenden Buchstabensalat sind zahlreiche Wörter (waagrecht, senkrecht, diagonal, von links nach rechts, von rechts nach links usw.) versteckt, die mit dem Thema „Nahrung und Ernährung" zu tun haben. Findet diese Wörter und markiert sie im Rätsel mit einem Bleistift oder Textmarker. Schreibt die Wörter dann im Alphabet von A bis Z untereinander.

a) Wie viele Wörter habt ihr gefunden?

b) Schreibt die Buchstaben mit den Zahlen 1 bis 37 hintereinander und lest von links nach rechts. Wie lautet der Lösungssatz?

Schon mit dem Frühstück fängt die gesunde Ernährung an – auch die Augen essen mit

Lösungssatz: ____

Hinweis: Ü = UE, Ä = AE; Ö = OE

Q	Q	W	K	O	H	L[12]	E	N	H	Y	D	R	A	T	E	E	R	T	Z	U	I	O	P	U
A	U	S	D	F	G	H	J	K	L	O	A	Y	X	C	I	V	B	N	M	Q	W	E	R	T
Z	U	A[17]	I	M	A	H	L	Z	E	I	T[10]	O	P	U	W	A	S	D	F	M	G	H	J	K
L	O	E	R	S	D	F	G	H	I	J	K	E	T	T[25]	E[2]	F	L	E	O	U	Y	X	E	C
V	B	N	M	K	Q	W	E	R	G	T	Z	U	I	M	I	T[15]	T	A	G	E	S	S	E	N
O	P	U	E	A	S	D	F	G	R	H	J	K	L	O	S	E	Y	X	C	S	V	B	T[33]	M
R	M	B	N	V	C	X	L	Y	E[4]	I	K	J	F	I	S[32]	C	H	H	G	L[18]	F	D	S	A
P	E[13]	O	I	U	Z	T	R	E	N[27]	W	Q	M	N	B	Y	C	X	W	E	I	S[26]	E	R	E
T	Z	T	U	I	O	F	R[31]	U	E	H	S	T[9]	U	E	C	K	P	A	S	D	F	G	H	N[5]
J	K	L	T	Y	C	B	E[37]	M	X	V	N	W	E	R	Z	I	P	F[36]	L	E	I	S	C	H
Q	T	S[22]	R	U	W	E	K	T	U	O	A	S	S	D	F	G	H	J	K	L	Y	X	C	E
M	N	B	V	C	B	X	C	Y	L	K	J	H	S	G	F	D	S	A	P	O	I	U	Z	A
T	R	E	W	Q	Q	S	U	O	R	A	N	G	E[29]	N	S	A	F[35]	T	C	W	D	V	E	Z
F	B	R	G	N	T	H	Z	M	Z	P	J	U	K	I	L	O	M	O[34]	B	S	T	L	P	O
D	I	C	K	D	A[28]	R	M	K	K	F	N	I	J	B	Z	G	V	R	T	R	F	C	R	D
X	A	Y	Q	S	X	W	D	C	E	E	F	V	R	G	B	T	H	B[3]	U	N	Z	J	M	U
Q	E	A	K	N	P	R	D	M	I[8]	L[1]	C	H	Q	W	E	R	Z	H[16]	T	N[21]	E	G	A	M
W	M	S	L	M	O	E	F	L	M	S	N	B	V	C	Y	A	G	S	D	F	G	H	J	R
E	E	D	Y	B	I	R	E	S[6]	S	A	W	P	O	I	U	O	Z	T	R	E	W	Q	M	A
R	R	F	X	V	U	W	G	Y	Y	F	X	C	V	N	J	A	D	G	J	L	K	H	F	D
T	C	H[30]	I	P	S	Q	H	M	S	T[23]	A	E	R	K	E	Y	C	B	M	X	V	N	N	N
Z	S	G	C	C	Z	A	J	B	B	U	E	A	I	O	P	I	Z	R	W	Q	E	T	U	N
U	S	H	V	X	V	E[20]	R	D	A	U	U	N	G	C	V	B	V	I	T[19]	A	M	I	N	E[11]
I	U	J	B	L	T	S	K	N	S	D	F	G	H	J	K	L	Y	A	W	H	J	K	V	U
O	N[14]	G	E	M[7]	U	E	S	E	Y	E	F	F	O	T	S	L	A	R	E[24]	N	I	M	T	D

Station D: RICHTIG oder FALSCH?

Name: ________________________ Klasse: ______ Datum: ____________

Diese Station solltet ihr erst dann bearbeiten, wenn ihr mindestens 5 Pflichtstationen erledigt habt. Ihr könnt diese Station in mehreren Etappen bearbeiten.

Sonnenblumenfeld

Aufgaben

1. Lest die folgenden Aussagen sorgfältig durch, besprecht und beurteilt die Aussagen und kreist anschließend in der RICHTIG-Spalte oder FALSCH-Spalte den betreffenden Buchstaben ein.
2. Wenn ihr alle Aussagen beurteilt und die betreffenden Buchstaben eingekreist habt, lest die eingekreisten Buchstaben **von unten nach oben**. Ihr findet so die Lösung.

Lösung: ______________________________

Nr.	Aussage	RICHTIG	FALSCH
1	Die Energie in der Nahrung sollte für einen Menschen täglich bei 8000 bis 10000 kcal liegen.	A	G
2	Pro Tag sollten wir 2 bis 3 Liter Wasser (z. B. in Form von Leitungswasser, Obstsaft, Suppe) zu uns nehmen.	N	S
3	Stärke kann man mit Lugol'scher Lösung nachweisen.	U	F
4	Die Hauptverdauung erfolgt im Mund.	Z	R
5	Täglich sollten wir etwa 5 Gramm Eiweiß pro Kilogramm Körpergewicht aufnehmen.	B	H
6	Fleisch ist eine wichtige Eiweißquelle.	E	O
7	In Salat und Gemüse sind viele Vitamine und Mineralstoffe enthalten.	A	P
8	Teigwaren und Brot sind stark stärkehaltig.	N	W
9	Mehl besteht vor allem aus Eiweiß.	Z	R
10	Ballaststoffe sind Ballast und für die Ernährung unwichtig, ja eher belastend.	M	E
11	Die Energie in unserer Nahrung ist letztlich gebundene Sonnenenergie.	E	J
12	Ess-Brech-Sucht nennt man auch Bulimie.	D	S
13	Gesunde Ernährung beginnt mit einem guten Frühstück.	N	W
14	Drei große Mahlzeiten pro Tag sind besser als fünf kleinere Mahlzeiten.	L	U
15	In Mineralwasser ist besonders viel Eiweiß enthalten.	D	S
16	Die wichtigsten Baustoffe des Körpers sind Eiweißstoffe.	E	J
17	Im Schweiß verlieren wir viele Salze (Mineralstoffe, Mineralsalze).	G	L

Station E: Vegetarische Ernährung (1)

Name: ______________________ Klasse: ______ Datum: ____________

Diese Station solltet ihr erst dann bearbeiten, wenn ihr mindestens 5 Pflichtstationen erledigt habt. Ihr könnt diese Station in mehreren Etappen bearbeiten.

Nichts wird die Chance auf ein Überleben auf dieser Erde so erhöhen wie der Schritt zur vegetarischen Ernährung.

Albert Einstein (1879–1955)

In Deutschland leben heute etwa 8 Millionen Menschen vegetarisch und sind davon überzeugt, dass es die „bessere Lebensweise" ist. An dieser Station könnt ihr euch einen Einblick verschaffen, was „vegetarisch essen" bedeutet.

Materialien: Biologiebücher, Lexika, Internet

Mögliche Homepage mit Informationen:
https://www.planet-wissen.de/gesellschaft/essen/vegetarier/index.html

Aufgaben

1. Blicke auf die vergangenen drei Tage zurück und notiere, wie oft du in dieser Zeit Fleisch, Fisch, Schinken oder Wurst gegessen hast.

________mal

Vergleiche dein Ergebnis mit dem einiger Mitschüler. Was fällt dir auf?

2. Ein deutscher Durchschnittsbürger verzehrt in seinem Leben so einiges an Fleisch und Wurst. In der Tabelle unten sind nur ganze Tiere aufgeführt.

a) Kreuze die Zeile an, deren Werte du für zutreffend hältst.

Zeile						
1	1	2	3	4	5	6
2	2	2	4	3	3	4
3	2	3	3	5	8	10
4	2	3	5	10	20	80
5	4	3	6	15	30	40
6	4	4	20	30	40	500
7	4	4	35	45	45	950

b) Vergleiche dein Ergebnis mit dem deiner Nachbarn. Einigt euch auf eine Schätzung (d. h. setzt einen kleinen Pfeil vor diese Zeile).

c) Vergleicht euer Ergebnis mit den Angaben auf dem Kontrollblatt. Was könnt ihr feststellen?

Station E: Vegetarische Ernährung (3)

Name: ________________________ Klasse: ______ Datum: __________

3. Hier sind einige Argumente aufgeführt, weshalb sich Menschen vegetarisch ernähren.

Ich möchte nicht, dass Tiere wegen mir sterben müssen.

Pflanzliche Lebensmittel machen schneller satt und somit esse ich weniger.

Für tierische Lebensmittel wird viel mehr Wasser verbraucht als für pflanzliche. Wasserverschwendung mag ich nicht.

Vegetarier leben gesünder und länger als Nicht-Vegetarier („Fleischesser").

In pflanzlichen Lebensmitteln sind weniger Schadstoffe enthalten als in tierischen.

Durch die großen Tierfarmen wird immer mehr Regenwald zerstört, um die Weideflächen für Rinder und Schafe zu vergrößern.

Tiertransporte über weite Strecken zu den Schlachthöfen kann ich nicht verantworten.

Folgende Grafik veranschaulicht das Argument der Wasserverschwendung:

Wasserverbrauch für …

1 kg Weizen | 1 kg Rindfleisch

1 500 l | 15 000 l

a) Welche der obigen Argumente kannst du gut nachvollziehen? Kreuze sie an und diskutiere dann mit einigen Mitschülern darüber.

Station E: Vegetarische Ernährung (3)

Name: ______________________ Klasse: ______ Datum: ____________

b) Die Deutsche Gesellschaft für Ernährung (DGE) empfiehlt eine fleischärmere, pflanzenreichere Ernährung, d. h. mehr Obst, Gemüse und Getreide.

Pro Woche sollte ein Jugendlicher oder Erwachsener nach den Empfehlungen der DGE nicht mehr als 300 Gramm Fleisch und Wurstwaren verzehren. Überlege, wie ein freiwilliger „Veggie Day" für dich aussehen könnte.

Notiere mögliche Speisen, die du aus folgenden Produkten zubereiten könntest.

Getreide- und Milchprodukte:

____

____

____

Milchprodukte und Kartoffeln:

____

____

____

Eier und Kartoffeln:

____

____

____

Eier und Getreide:

____

____

____

Eier, Milch und Hülsenfrüchte:

____

____

____

Vortest/Nachtest „Nahrung und gesunde Ernährung“ *Lösungen*

1. Die drei wichtigsten Grundnährstoffe sind: Eiweiß, Fett, Kohlenhydrate.
2. Neben diesen Grundnährstoffen (siehe Aufgabe 1) benötigt unser Körper noch zusätzlich Wasser, Vitamine und Mineralstoffe (Mineralsalze) sowie Ballaststoffe (Pflanzenfasern u. a.). Eisen beispielsweise ist ein Spurenelement, das zum Aufbau von Hämoglobin, dem Blutfarbstoff in den roten Blutkörperchen, notwendig ist; ohne dieses Spurenelement könnte unser Blut keinen Sauerstoff transportieren.
3. ⊗ zwei Drittel Kohlenhydrate und ein Drittel Fette und Eiweiß (etwa gleiche Mengen)

   Kreisdiagramm:

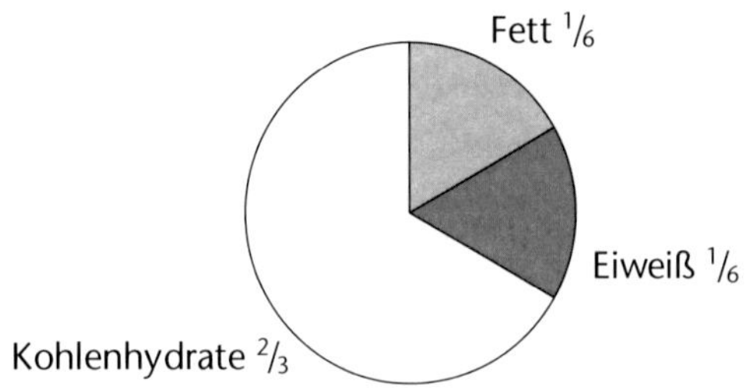

4. Skizze:

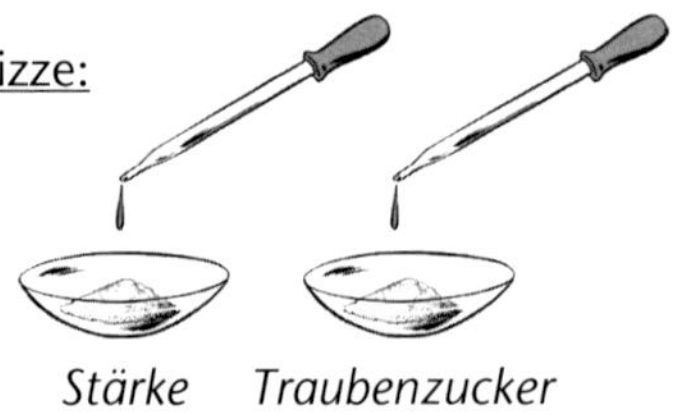

   Beobachtung: Nur bei Stärke färbt sich die Lugol'sche Lösung blauviolett.

   Ergebnis: Stärkenachweis mit Lugol'scher Lösung

5.

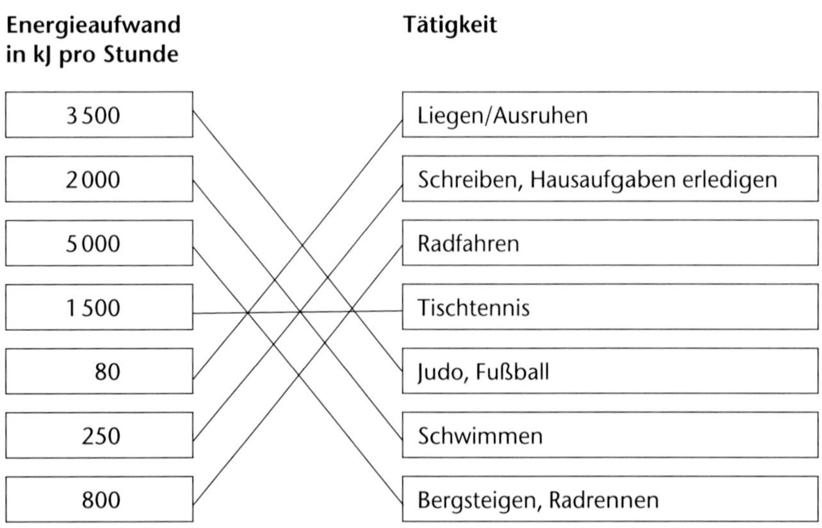

6.

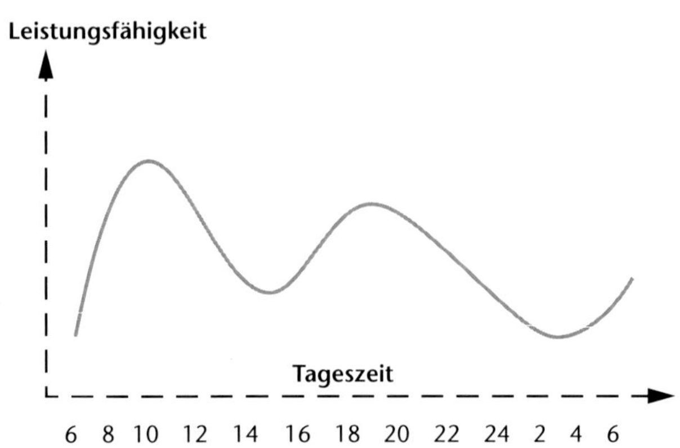

7. Die Verdauung der Nahrung beginnt im Mund; hier wird Stärke in Zucker abgebaut. Die Hauptverdauung findet im 3 bis 4 m langen Dünndarm statt. Die Ballaststoffe (häufig vorhanden beispielsweise in Vollkornbrot und Gemüse) verlassen den Magen-Darm-Kanal, ohne dass sie verdaut wurden; diese Stoffe fördern jedoch den Abbau der Hauptnährstoffe im Körper und sind deshalb sehr wichtig für unsere Ernährung.

Jokeraufgabe: Skorbut

Die Hälfte der Mannschaft von Columbus, dem Entdecker Amerikas, war 1493 auf hoher See gestorben, weil die Seeleute während der mehrmonatigen Seereise weder Gemüse noch Obst zur Verfügung hatten. Die Krankheit, an der die Seeleute litten und woran viele starben, nennt man Skorbut; diese Krankheit ist auf einen Mangel an Vitamin C zurückzuführen. Vitamin C ist in frischem Obst, Obstsäften, frischem Gemüse, Sauerkraut, Salat u. a. m. vorhanden, weshalb man möglichst täglich frisches Obst und Gemüse essen sollte. Symptome von Skorbut sind: Zähne werden locker, Kieferschmerzen, Zahnausfall, Probleme beim Kauen, Fieber. Schon leichte Infektionen können den Tod bedeuten.

Rekonstruktion der Santa Maria

Neben Vitamin C sind in Obst und Gemüse viele weitere wichtige Bestandteile für eine gesunde Ernährung (weitere Vitamine, Mineralstoffe usw.) vorhanden.

Station 1: Was nehme ich täglich an Nahrung zu mir? *Lösungen*

1. *Beispiel:*

	Uhrzeit	Getränke	Speisen	Sonstiges
Frühstück	7.00–7.15	1 Tasse Kräutertee (200 ml); 1 Glas Orangensaft (200 ml)	2 Roggenbrötchen mit Butter und Marmelade	
Zwischendurch	10.30	Apfelsaft (200 ml)	Pausenbrot mit Schinken, Apfel	Müsliriegel
Mittagessen	13.30–14.00	200 ml Leitungswasser	Nudelsuppe (300 ml), Schnitzel mit Pommes frites und Salat	Fruchtjoghurt (150 ml)
Zwischendurch	16.30	2 Tassen Kräutertee	Banane	2 Kugeln Eis
Abendessen	18.00–18.30	Milch mit Ovomaltine (200 ml)	2 Scheiben Schwarzbrot mit Margarine und Käse/Wurst/Schinken	Birne
Später am Abend	19.30	1 Glas Fruchtsaft	Obstsaft, Wasser	Chips

2. Die Nahrung von zwei Schülern in einer Klasse ist meist recht unterschiedlich und hängt von vielfältigen (ethnischen, sozialen, individuellen usw.) Faktoren ab: Kulturkreis, Geschlecht, Alter, Wohnort (Stadt/Land), Familienstruktur/-größe/-zusammensetzung, Berufe/Arbeitszeiten der Eltern, zugrunde gelegter Wochentag, Jahreszeit, Lieblingsspeisen etc.

   Durch das Vergleichen der „Speisepläne" kann den Schülern bewusst werden, dass das Ernährungsverhalten vielfältig (ethnisch-kulturell, sozial etc.) bedingt ist und es wohl keine zwei Menschen gibt, die sich völlig gleich ernähren.

   Je anstrengender und länger eine körperliche Betätigung ist, desto größer ist der Nahrungs- und Trinkbedarf.

Station 2: Ernährungssituation auf der Erde *Lösungen*

1. a) Seit 1700 wächst die Bevölkerung nicht linear wie in den Jahrhunderten vorher, sondern exponentiell, d. h. immer schneller. Dies gilt vor allem für die Schwellen- und Entwicklungsländer, wo sich die Bevölkerung alle 20 bis 30 Jahre verdoppelt. Deshalb spricht man von einer „Bevölkerungsexplosion". In den meisten Industrieländern halten sich Geburten und Todesfälle annähernd die Waage.

   b)
   - immer mehr Kinder werden geboren
   - sinkende Säuglingssterblichkeit
   - bessere Ernährung
   - vermehrte vorbeugende Impfungen (Schutzimpfungen)
   - bessere medizinische Versorgung im Krankheitsfall
   - Trinkwasserqualität gestiegen

2. a) Band um den Äquator bis 20° nördlicher und 20° südlicher Breite, in dem Länder liegen, in denen sehr viele Menschen dauerhaft hungern müssen.

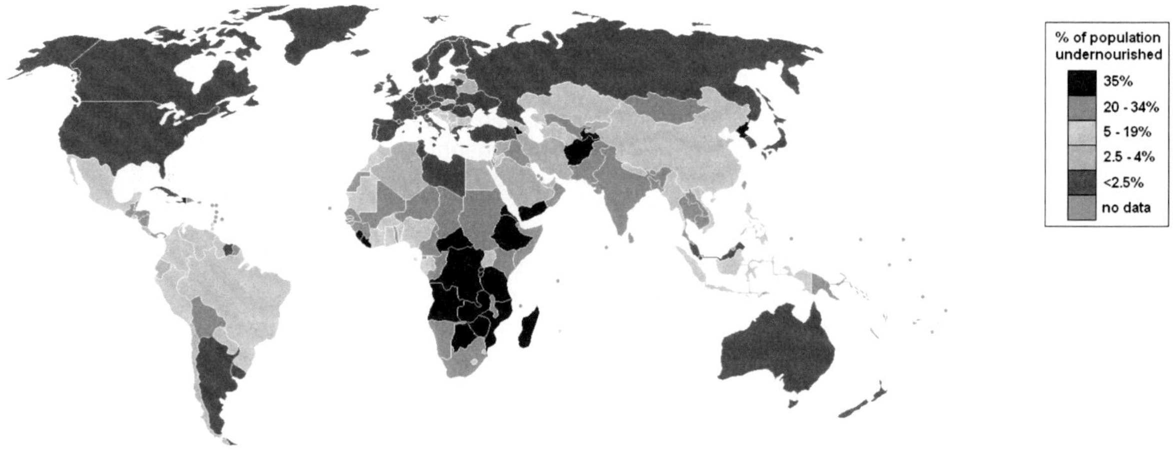

b) Im sog. Welthungergürtel liegen u. a.:
   - Asien: Thailand, Indien, Iran
   - Afrika: Nigeria, Kongo, Ägypten, Elfenbeinküste
   - Amerika: Mexiko, Honduras, Brasilien

3. Vor allem durch bessere Bildung (Kindergärten und Schulen für alle; gute Berufsausbildung nicht nur für männliche, sondern auch für weibliche Jugendliche; gute Fort- und Weiterbildung von Erwachsenen usw.) können nach Ansicht von führenden Wissenschaftlern die Probleme der Weltbevölkerung (Bevölkerungsexplosion, Umweltprobleme, Ernährungsprobleme, Schutz des Klimas, Schutz der Regenwälder usw.) mittel- und längerfristig (d. h. im Zeitraum von mehreren Jahrzehnten bzw. Jahrhunderten) gelöst werden. Eine gute Bildung der Menschen scheint ein wichtiger – vielleicht der wichtigste – Schlüssel (Faktor) zum nachhaltigen Handeln zu sein.

Station 3: Wozu brauchen wir Nahrung? *Lösungen*

1. Sekunde für Sekunde, das heißt auch während der Nacht, arbeiten unsere Zellen (das Herz schlägt, Nahrung wird verdaut, das Gehirn arbeitet usw.). Dafür benötigen sie Energie. Die Energie für den Körper wird aus Nahrungsbestandteilen (vor allem Kohlenhydraten und Fetten) bereitgestellt. Zudem werden Sekunde für Sekunde neue Zellen (z. B. Haut-, Lungen- und Muskelzellen) gebildet. Hierfür braucht der Körper Baustoffe, die ebenfalls aus der Nahrung gewonnen werden. Ist zu wenig Nahrung im Körper, verspüren wir ein Appetitgefühl.

   Hinweis: Ohne Sauerstoff (Luft) können wir nur wenige Minuten überleben, ohne Wasser nur wenige Tage und ohne Nahrung nur wenige Wochen.

2. Unser Körper benötigt Energie für:
   - Muskelbewegungen (zum Lachen, Sprechen, für Arm-, Augen- und Beinbewegungen, für das Schlagen des Herzens und das Atmen mittels Zwerchfell- und Zwischenrippenmuskeln usw.)
   - Zellerneuerung/-teilung (Haut-, Gehirn-, Leberzellen usw.)
   - Abwehr von Krankheitserregern (Bildung von Antikörpern)
   - Auf- und Abbau von Zelleiweiß, Fetten, Kohlenhydraten, Vitaminen usw.
   - Blutgerinnung und Wundheilung
   - Erregungsleitung in den Nerven

3. Ein Mensch benötigt Baustoffe für das Wachstum und seine Entwicklung: Zellen werden vermehrt und erneuert, Organe werden größer, Knochen verheilen, Wunden in der Haut verheilen, Haare wachsen usw.

Station 4: Geregelter Tagesablauf und Leistungskurve („Biokurve") *Lösungen*

1. a) Idealtypisch ist folgende Verteilung der Mahlzeiten (Schulzeit), was natürlich von Person zu Person (z. B. in den Schulferien, am Wochenende) deutlich abweichen kann:
   a) Frühstück: 7.00 – 7.20 h
   b) Vormittagspause (2. Frühstück): 10.30 – 10.40 h
   c) Mittagessen: 13.30 – 14.00 h
   d) Zwischenmahlzeit am Nachmittag: 15.30 – 15.40 h
   e) Abendessen: 18.00 – 18.30 h
   f) Snack am Abend: 19.50 – 20.00 h

   b) 6 Mahlzeiten pro Tag (im Durchschnitt)

2. a) Idealtypisch kann folgende Antwort sein: Die – empfundene/eingeschätzte oder tatsächliche/objektiv feststellbare – Leistungsfähigkeit ist individuell unterschiedlich; in der Regel hat ein Mensch zwischen 8.00 Uhr und 10.00 h (d. h. am Vormittag) die höchste Leistungsfähigkeit; ein zweites Leistungshoch liegt normalerweise am Nachmittag zwischen 16.00 Uhr und 18.00 Uhr.

   b) Idealtypisch kann folgende Antwort sein: Leistungstiefs liegen meist:
   - vor dem Frühstück;
   - kurz vor dem Mittagessen, wenn lange vorher nichts gegessen wurde;
   - nach dem Mittagessen (sog. physiologisches Tief);
   - abends nach etwa 20.00 Uhr bis zum frühen Morgen.

3. Aus der Abbildung ist abzulesen, dass wir Menschen während eines Tages (24 Stunden) bestimmte Zeiten haben, zu denen wir besonders leistungsfähig sind und relativ wenig Fehler bei Aufgaben machen, während zu anderen Zeiten die Leistungsfähigkeit (z. B. in der Schule) deutlich geringer und die Fehlerhäufigkeit (z. B. bei Tests und Klassenarbeiten) deutlich höher ist.

   Leistungshochs (bei den meisten Menschen) sind: insbesondere morgens nach dem Frühstück zwischen 8.00 und 10.00 Uhr sowie ein neues – wenn auch niedrigeres, allerdings deutlich flacheres – Leistungshoch zwischen 16.00 und 20.00 Uhr.

   Leistungstiefs (bei den meisten Menschen) sind: nachmittags nach dem Mittagessen (sog. „Mittagstief") und nachts zwischen 20.00 und 6.00 Uhr (sog. „Nachttief")

   Kleine Mahlzeiten mit leicht verdaulicher Nahrung (z. B. Teigwaren, Obst, Kartoffeln, Kräuterquark, Joghurt, fettarme Wurst oder fettarmer Schinken) erhöhen die Leistungsfähigkeit des Körpers, während schwere Mahlzeiten (z. B. fettreiche, schwer verdauliche Nahrung wie Schinkenspeck, fettreiche Steaks, hart gekochte Eier, fettreiche Wurst oder fettreicher Käse) die Leistungsfähigkeit deutlich herabsetzen: Je mehr Energie für die Verdauung der Nahrung benötigt wird, desto weniger Energie steht dem Gehirn zur Verfügung.

Station 5: Ohne Wasser kein Leben — *Lösungen*

1. Bei starker körperlicher Anstrengung verliert der Körper viel Wasser durch Schwitzen. Diesen Wasserverlust möchte der Körper ausgleichen, weshalb wir beispielsweise nach sportlicher Betätigung großen Durst haben.

2. Wassergehalt beim Menschen:

3. Mit zunehmendem Alter können unsere Zellen nicht mehr genügend Wasser aufnehmen und speichern, weshalb die Zellen dann „schlaff" und „welk" aussehen (ähnlich einem Salatblatt, das infolge Wassermangel welk wird).

4.

Aufgaben des Wassers	Berufe
Transport von Sauerstoff, Nährstoffen und Abfallstoffen	Laborant
Ausscheidung von Abfallstoffen	Techniker
Lösungsmittel für Salze, Zucker, Vitamine, Hormone usw.	Spediteur
Regulierung der Körpertemperatur	Entsorger

5. a) Das weiße (wasserfreie) Kupfersulfat wird durch Wasser, Apfelsaft und Zitronensaft blau gefärbt, nicht aber durch Salatöl.

   b) Wasserhaltige Lebensmittel färben das weiße Kupfersulfat blau. Salatöl ist praktisch wasserfrei, weshalb in Salatöl auch kein Wasser nachgewiesen werden kann.

Station 6: Bedeutung und Nachweis von Fetten *Lösungen*

1. a)

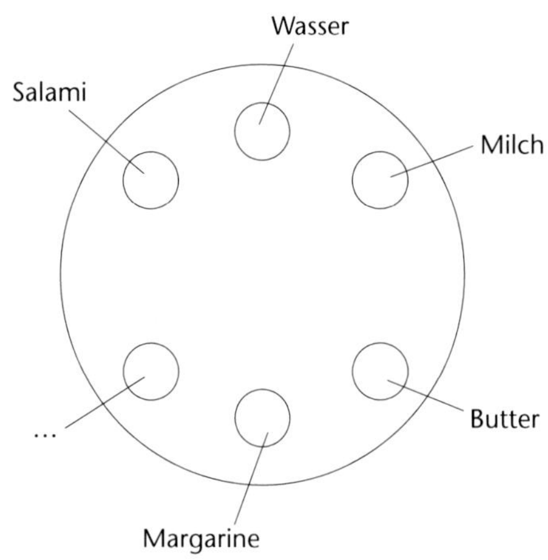

c)

Lebensmittel	Fleck trocknet (bitte ankreuzen) Ja	Nein	enthält Fett (d.h. die Fettfleckprobe ist positiv)
Butter		x	Fett nachgewiesen
Margarine		x	Fett nachgewiesen
Salami		x	Fett nachgewiesen
Leitungswasser	x		Kein Fett nachweisbar
Milch		x	Fett nachgewiesen
Mineralwasser	x		Kein Fett nachweisbar
Apfelsaft	x		Kein Fett nachweisbar
Sonnenblumenöl		x	Fett nachgewiesen
Distelöl		x	Fett nachgewiesen
Olivenöl		x	Fett nachgewiesen
Schinken		x	Fett nachgewiesen

2. **Fettarme Lebensmittel** (Fettgehalt in %): Bananen (0,2 %), Äpfel (0,6 %), Tomaten (0,2 %), Roggenbrot (1 %), Kuhmilch (3,5 %)

   Fettreiche Lebensmittel (Fettgehalt in %): Butter (81 %), Margarine (80 %), Walnüsse (64 %), Milchschokolade (32 %), Emmentaler Käse (30,5 %)

3. a) Schutzfunktion (Organe wie Auge, Haut, Herz, Leber, Niere usw. sind von einer Fettschutzschicht umgeben; vor allem Schutz vor mechanischen Stößen)
b) Transport von Fetten und bestimmten Vitaminen (z. B. im Blut und in der Lymphe)
c) Energielieferant (Hinweis: Ein Mann mit durchschnittlichem Gewicht speichert durchschnittlich 10 kg Depotfett, eine Frau durchschnittlich 12 kg Depotfett. Diese Fettmenge reicht, damit ein erwachsener Mensch über einen Monat ohne Energiezufuhr von außen leben kann.)
d) Schutz vor großen Wärmeverlusten (vor allem Hautfett)
e) Fett ist wichtiger Bestandteil der Zellmembranen (Biomembranen).

Station 7: Bedeutung und Nachweis von Eiweiß (Protein) *Lösungen*

1. a) Aufbau von Muskel-, Leber-, Herz-, Nervenzellen u. a.
b) Aufbau von Zellmembranen
c) Blutgerinnung
d) Abwehr von Krankheitserregern

e) Zellteilung/-erneuerung usw.

2. Weißbrot (ca. 7,5 % Eiweiß): ca. 1100 g
Roggenbrot (ca. 7,5 % Eiweiß): ca. 1100 g
Zwieback (ca. 10 % Eiweiß): ca. 800 g
Hühnerei (ca. 13 % Eiweiß): ca. 615 g (Hinweis: ein Ei wiegt ca. 50 Gramm)
Roher Schinken (ca. 20 % Eiweiß): ca. 400 g
Kartoffeln (ca. 2 % Eiweiß): ca. 4000 g (= 4 kg)
Bananen (ca. 1 % Eiweiß): ca. 8000 g (= 8 kg)
Rindfleischfilet oder Kabeljau (ca. 20 % Eiweiß): ca. 400 g

3. Versuchsskizze:

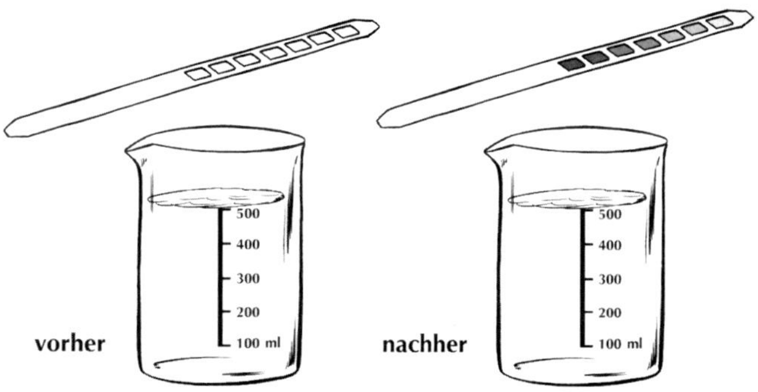

Hinweis: Je nach Hersteller kann die Indikatorfläche des Eiweiß-Teststreifens farblich unterschiedlich sein. Deshalb stets die Gebrauchsanweisung beachten.

Lebensmittelprobe	Färbung des Eiweiß-Teststreifens	Auswertung/Folgerung
Milch	Grün	Eiweiß enthalten
Joghurt	Grün	Eiweiß enthalten
Kefir	Grün	Eiweiß enthalten
Apfelsaft	Gelb (keine Veränderung)	Kein Eiweiß enthalten
Leitungswasser	Gelb (keine Veränderung)	Kein Eiweiß enthalten
Mineralwasser	Gelb (keine Veränderung)	Kein Eiweiß enthalten
Salatöl	Gelb (keine Veränderung)	Kein Eiweiß enthalten
Schinken	Grün	Eiweiß enthalten

4. **Joker-Aufgabe**: Kartoffeln und Quark ergänzen sich sehr gut zu einer vollwertigen Speise: Diese Speise enthält viel hochwertiges Eiweiß (Hinweis: biologische Proteinwertigkeit in der Kombi-Nahrung über 100), viele Mineralstoffe, viel Wasser, viele Vitamine, nicht zu viel und nicht zu wenig Ballaststoffe, viele Mineralstoffe (Salze), nicht zu viel Fett und nicht zu viel an Kohlenhydraten. Diese Mahlzeit belastet den Körper nicht stark und ist gut verdaulich, d. h. als Abendmahlzeit gut geeignet.

Station 8: Bedeutung und Nachweis von Kohlenhydraten *Lösungen*

1. b)

	Farbveränderungen am Teststreifen/-stäbchen	Folgerung/Auswertung
Wasser (Kontrollversuch)	Keine Veränderung	Enthält keinen Traubenzucker
Wasser und Haushaltszucker	Keine Veränderung	Enthält keinen Traubenzucker
Wasser und Stärke	Keine Veränderung	Enthält keinen Traubenzucker
Wasser und Traubenzucker	**Grün**färbung der Testfläche	**Enthält Traubenzucker**
Wasser und Kochsalz	Keine Veränderung	Enthält keinen Traubenzucker

2.

Untersuchte Lebensmittel	Farbveränderung mit Lugol'scher Lösung	Auswertung/Folgerung
Wasser	Keine Veränderung	
Traubenzucker	Keine Veränderung	Keine Stärke enthalten
Kochsalz	Keine Veränderung	
Stärkepulver	Blauviolett	Stärke enthalten
Mehl	Blauviolett	Stärke enthalten
Apfel	Keine Veränderung	Keine Stärke enthalten
Nudeln	Blauviolett	Stärke enthalten
Reis	Blauviolett	Stärke enthalten
Kartoffel	Blauviolett	Stärke enthalten

3. Weißbrot, Vollkornbrot, Pizza, Pommes frites, Kartoffeln (sowie Kuchen, Teigwaren, Knäckebrot, Zwieback, Erbsen, Erdnüsse usw.)

4. Sportwettkampf, schnelles Schwimmen/Radfahren/Laufen, Klassenarbeit, schwere Erkrankung, Fußball/Handball/Volleyball spielen, Inlineskaten, beim Klettern usw.

Station 9: Bedeutung von Vitaminen, Mineralstoffen und Ballaststoffen *Lösungen*

1. Bestandteile unserer Lebensmittel:

   1 ⇒ Wasser   2 ⇒ Eiweiß   3 ⇒ Fett   4 ⇒ Kohlenhydrate   5 ⇒ Vitamine und Mineralstoffe   6 ⇒ Ballaststoffe

2. Ursache: Mangel an Vitamin C

   Symptome: Zahnfleisch blutete; die Zähne lockerten sich und fielen aus; die Erkrankten waren müde und schlapp, konnten auch nicht mehr richtig essen und starben schließlich

   Abhilfe (und Vorbeugung): frisches Obst und Gemüse, Kartoffeln, Sauerkaut

3.

Mineralstoff bzw. Spurenelement	Bedeutung im Körper	Vorkommen in ...	Menge im menschlichen Körper (in Gramm)	Bedarf täglich (in Gramm)
Calcium	Baustoff für Knochen und Zähne	Milch, Käse, Fleisch, Mineralwasser	1 700	1
Phosphor	Baustoff für Knochen; wichtig für Energieversorgung der Organe; Bestandteil der Erbsubstanz	Fleisch, Fisch, Ei, Milch, Kartoffel	700	1
Natrium	Weiterleitung von Erregungen in den Nervenzellen; Bestandteil im Blut und im Schweiß	Fisch, Ei, Fleisch, Gemüse	80	2
Magnesium	Wichtig für Stoffwechsel, Muskel- und Nerventätigkeit	Fisch, Ei, Fleisch, Milch, Kartoffel, Gemüse	30	2
Eisen	Bestandteil des Hämoglobins (roter Blutfarbstoff); Bestandteil von Enzymen	Fleisch, Fisch, Ei, Mehl, Teigwaren, Honig	4	0,015

4. Die pflanzlichen Faserstoffe, die im Darm nicht verdaut werden können, nennt man Ballaststoffe. Diese findet man vor allem in Obst, Gemüse und Vollkornprodukten. Ballaststoffe füllen unseren Magen und lassen uns eher satt werden, fördern aber auch die Darmbewegungen, die Durchmischung der Nahrung und somit die Verdauung.

Station 10: Der Weg der Speisen im Körper *Lösungen*

1. a) Die Verdauung beginnt im Mund und wird in Magen und Darm fortgesetzt. Unter Verdauung versteht man den Abbau von verdaubaren Nahrungsbestandteilen. Verdaut werden Kohlenhydrate, Fette und Eiweiß. Durch die Verdauung werden die Nahrungsbestandteile zerkleinert, sodass die verdauten Bausteine aus dem Darm ins Blut oder in die Lymphe aufgenommen und in alle Teile des Körpers transportiert werden können.

Hinweise zur Verdaubarkeit: Die Verweildauer der Speisen im Magen ist sehr unterschiedlich. Leicht verdauliche Nahrung (z. B. Milch) verbleibt nur kurze Zeit im Magen, während schwer verdauliche Nahrung (z. B. Gänsebraten) sehr lange im Magen-Darm-Trakt verweilt.

Die folgende Übersicht gibt eine kleine Orientierung, wie leicht bzw. schwer verdaulich verschiedene Nahrungsmittel sind; zu beachten ist, dass die Werte von Person zu Person (tagabhängig, gesundheitsbedingt u. a. m.) erheblich schwanken können.

Speise	Verweildauer im Magen (in Stunden; ca.-Werte)
Fleischbrühe, Suppe	1
Vollmilch (3,5 % Fett)	1–2
Reis	2
Bananen, Birnen	2–3
Roggen-/Schwarzbrot	3–4
Schinkenspeck	4
Rinderbraten	4
Rohe Äpfel	4
Erbsen, Linsen	4–5
Räucherfisch, Gänse- und Entenbraten	5–6

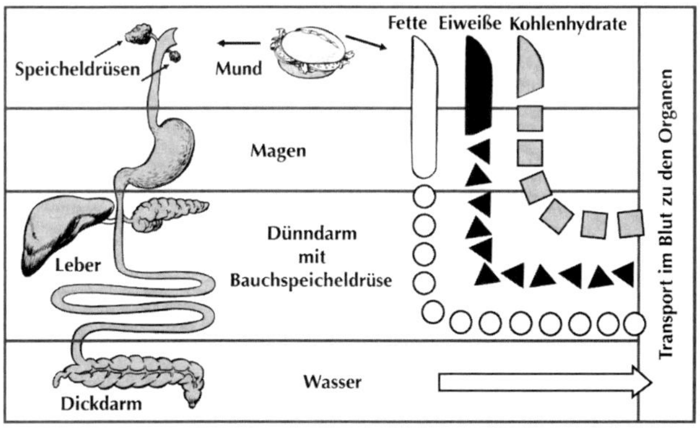

Schwer verdaubare Nahrung sollte abends nur in kleineren Mengen und möglichst früh am Abend gegessen werden, damit die Nachtruhe nicht gefährdet ist. Für die Verdauung, die mit einem starken Stoffwechselumsatz verbunden ist, sind viel Energie und Sauerstoff erforderlich; auch für einen erholsamen Schlaf benötigt das Gehirn große Mengen an Energie und Sauerstoff.

b) Die Aussage ist wie folgt zu verstehen: Je besser die Nahrung gekaut (d. h. zerkleinert und eingespeichelt) ist, desto leichter kann sie in Mund, Magen und Darm verdaut werden, weil die Oberfläche für die Verdauungssäfte größer ist und die Verdauungssäfte leichter an die verdaubaren Nahrungsbestandteile gelangen können. Die Stärkeverdauung beginnt bereits im Mund.

c) Gebiss eines Kleinkindes und eines Erwachsenen: Schneidezähne: grün; Eckzähne: rot; Vorderbackenzähne: hellblau; Hinterbackenzähne: dunkelblau.

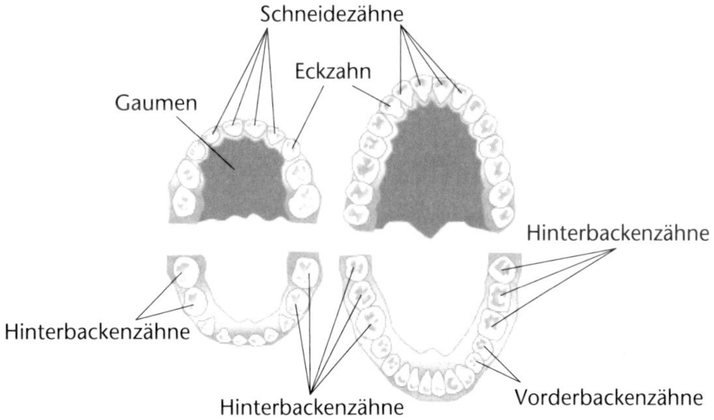

d) Milchgebiss: 20 Zähne
Erwachsenengebiss: 32 Zähne

e) Beim Milchgebiss fehlen die Hinterbackenzähne (3 Zähne pro Kieferhälfte, d. h. insgesamt 12 Zähne).

f) Den jeweils hintersten Backenzahn pro Kieferhälfte nennt man „Weisheitszahn", d. h. ein Erwachsener hat in der Regel 4 Weisheitszähne (sofern sie alle aus dem Kiefer herauswachsen; manche Erwachsene haben weniger als 4 oder gar keine Weisheitszähne).

Früher glaubte man, dass an die hintersten Backenzähne von Erwachsenen die Weisheit „gebunden" sei; dem ist aber natürlich nicht so.

2. a) Ein Schüler macht einen Handstand und trinkt aus einem Becher:
- In der Speiseröhre ist eine Art „Förderband“ oder „Kran“, die die Getränke und Speisen transportieren.
- Im Magen kann ein Unterdruck erzeugt werden, wodurch die Speisen durch die Speiseröhre in den Magen gesaugt werden.
- …

Hinweis: Dem Ideenreichtrum der Schüler sind keine Grenzen gesetzt, was in der Natur möglich sein könnte.

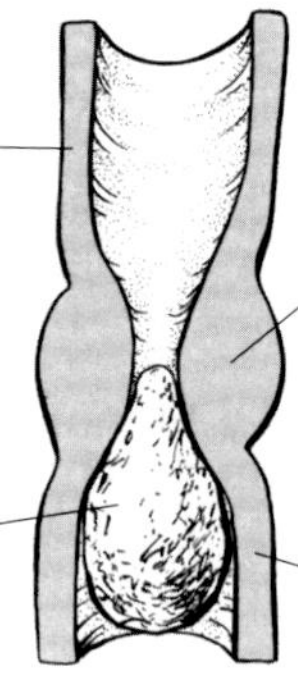

b) Durch Zusammenquetschen des Schlauches hinter der Kugel (z. B. mittels zwei Fingern, mithilfe einer Gabel usw.) wird diese nach vorne transportiert. Ganz Analoges geschieht in unserem Körper: Infolge von Muskelbewegungen zieht sich die Speiseröhre ringförmig zusammen, wodurch die Speisen vom Mund „schubweise“ in Richtung Magen transportiert („geschoben“) werden.

3.

E — Die im Mund geformten Bissen gelangen über die Speiseröhre in den Magen.

V — Die Verdauung beginnt im Mund: Die Nahrung wird zerkleinert, eingespeichelt und Stärke zu Zucker verdaut.

D — Über den verschließbaren Magenausgang, den Pförtner, wird der Nahrungsbrei schubweise in den Dünndarm geschoben.

R — Im Magen werden durch die Magensäure viele in der Nahrung vorhandene Krankheitserreger abgetötet und das Eiweiß wird besser verdaulich.

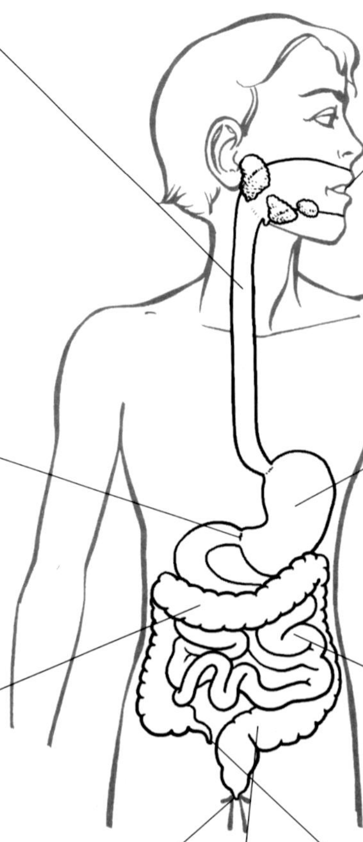

U — Der dünne Nahrungsbrei, der viel Wasser enthält, gelangt vom Dünndarm in den Dickdarm. Hier werden dem Nahrungsbrei Mineralstoffe und Wasser (pro Tag bis zu 10 Liter) entzogen.

A — Im etwa 4 m langen Dünndarm findet die Hauptverdauung statt: Eiweiße, Fette und Kohlenhydrate werden verdaut. Durch die Dünndarmwand werden die Verdauungsprodukte (z. B. Traubenzucker) ins Blut aufgenommen.

G — Der After ist das „Ende“ des Verdauungstraktes; über ihn wird der Kot ausgeschieden.

N — Den letzten Abschnitt des Dickdarms nennt man Mastdarm. Hier wird der eingedickte Kot (unverdaute Nahrungsreste, Ballaststoffe, abgestorbene Zellen der Verdauungsorgane usw.) gesammelt.

U — Am Übergang vom Dünndarm zum Dickdarm ist der Blinddarm mit dem Wurmfortsatz zu finden. Der Blinddarm dient aber nicht der Verdauung, sondern vorwiegend der Abwehr von Krankheitserregern.

Lösungswort: V E R D A U U N G

Station 11: Gesunde Ernährung *Lösungen*

1.

Volk	Herkunft (Land, Kontinent)	Mahlzeit (z. B. Frühstück)	Typische Lebensmittel dieser Mahlzeit
Australier	Australien	Frühstück	Frühstücksflocken, Toastbrot mit Brotaufstrich, gegrillter Speck, Eier, Tee oder Kaffee
Inuit	Nordamerika	Frühstück	Walschwarte (enthält viel Vit. C), Robben-, Walross- und Walfleisch, Fisch, Eier von Seevögeln
Italiener	Europa	Frühstück	Zwieback, Butter, Marmelade, Cornetto (z. T. gefüllt mit Marmelade, Pudding, Schokolade), Tee oder Milchkaffee
Japaner	Asien	Frühstück	Reis, gebratener Fisch, Miso-Suppe, Nori-Algen, grüner Tee
Türken	Europa/Asien	Frühstück	Weißbrot, Salzlakenkäse, Oliven, Tomaten, Gurken, Joghurt, schwarzer Tee

Hinweis: Unter dem Stichwort „Frühstück" findet man bei Wikipedia eine umfangreiche Tabelle, die über die Frühstücksgewohnheiten verschiedener Völker gut und in übersichtlicher Form Auskunft gibt.

2. **Berechnung**:

Lebensmittel (in Gramm)	Kohlenhydrate (in Gramm)	Fette (in Gramm)	Eiweiß (in Gramm)	Mineralsalze (in Gramm)	Wasser (in Gramm)
Roggenbrot (50 g)	25	0,5	3	0,5	21
Butter (10 g)	0,1	8	0,1	0,1	1,7
Bienenhonig (20 g)	14	0,02	0,02	0,2	6
Hühnerei (40 g)	0,4	4	4	0,4	31
Orangensaft (200 g)	18	1	1	2	178
Vollmilch (100 g)	5,5	3,5	3,5	0,1 – 0,5	87

3.

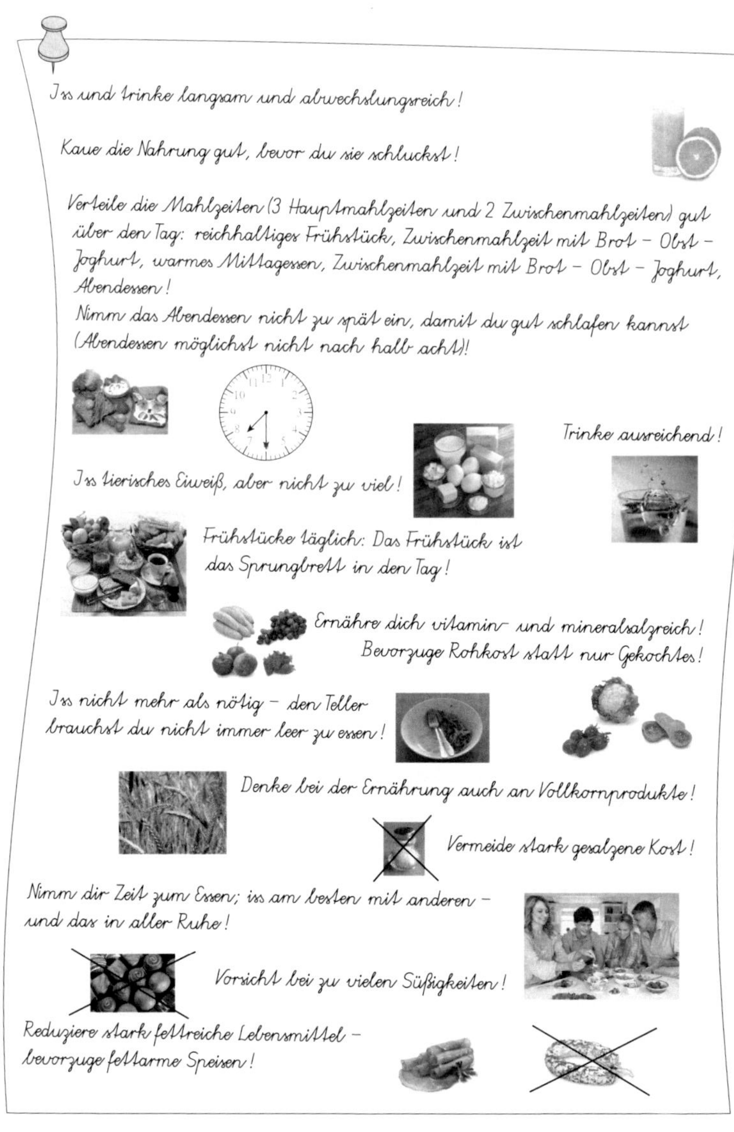

Station 12: Energie in der Nahrung macht's möglich *Lösungen*

1. a)

Tätigkeiten	Energiebedarf pro Stunde (Durchschnittswerte)
Im Sitzen lesen	40 kJ
Auf dem Bett ruhig liegen, Musik hören	50 kJ
Bergsteigen, Radrennen fahren	80 kJ
Schlafen	250 kJ
Fußball spielen, Judo	800 kJ
Unterricht, Hausaufgaben, leichte Arbeit	2 000 kJ
Radfahren	3 500 kJ
Schwimmen (außerhalb Wettkampf)	4 000 kJ
Garten umgraben	5 000 kJ

b)
- Schlafen: 8 Stunden ⇒ 320 kJ
- Unterricht und Hausaufgaben: 9 Stunden ⇒ 2 250 kJ
- Fußball/Handball spielen: 2 Stunden ⇒ 7 000 kJ
- Lesen/Musik hören: 2 Stunden ⇒ 160 kJ
- leichte körperliche Arbeit im Haus: 2 Stunden ⇒ 500 kJ
- Radfahren: 1 Stunde ⇒ 800 kJ

gesamt: 11 030 kJ

2. a) Energiegehalt von 100 Gramm … ist:

Fett 3 800 kJ
Eiweiß 1 700 kJ
Kohlenhydrate 1 650 kJ

d. h., der Energiegehalt in Fett ist mehr als doppelt so hoch wie der in Eiweiß oder Kohlenhydraten, was für die Ernährung von großer Bedeutung ist.

b)

Lebensmittel	kJ (pro 100 g)
Walnüsse	3 000
Roggenbrot	1 050
Roggenvollkornbrot	1 000
Butter	3 250
Hühnereier	650
Sonnenblumenöl	3 900
Kartoffeln	350
Äpfel	200
Tomaten	70

Hinweis: Die kJ-Werte in der Literatur für die verschiedenen Lebensmittel können etwas schwanken, da je nach Herkunft der Lebensmittel, Obstsorte etc. die Inhaltsstoffe in unterschiedlichen Mengen vorhanden sind, d. h. die o. g. Werte sind lediglich als Richtwerte anzusehen.

In der Tabelle sind die …
- zwei energiereichsten Lebensmittel: Sonnenblumenöl, Butter
- zwei energieärmsten Lebensmittel: Tomaten, Äpfel

Hinweis: 100 g Kartoffeln enthalten

- 80 g Wasser
- 16 g Kohlenhydrate
- 1,7 g Eiweiß
- 0,3 g Fett
- 314 kJ Energie

Station A: Ernährungsprobleme in verschiedenen Ländern — Lösungen

1. Verhungernde Kinder jährlich auf unserer Erde:
   Pro Stunde: 30 · 60 = 1 800 Kinder
   Pro Tag: 1800 · 24 = 43 200 Kinder
   Pro Jahr: 43 200 · 365 = 15 768 000 Kinder
   d. h., über 15 Millionen Kinder verhungern jährlich!

2. *Tabelle: Versorgung mit Nahrungsmitteln in verschiedenen Ländern: Nahrungsmittel in Gramm je Tag und Einwohner (Auswahl; Werte gerundet)*

Land	Stärkehaltige Lebensmittel (z. B. Mais, Reis)	Fleisch	Milch und Milchprodukte	Fette, Öle	Kilojoule (kJ)
USA	350	300	600	80	15 000
Deutschland	500	200	550	70	10 000
Pakistan	400	10	200	20	9 000
Indonesien	650	15	10	20	8 500
Algerien	400	25	70	25	8 500
Nigeria	1 200	20	20	20	7 500
Kamerun	1 500	25	40	5	9 000
Peru	800	0	60	20	8 000

   a) Während bei uns (insbesondere in den Industrienationen in Europa und Nordamerika) zu den täglichen Mahlzeiten normalerweise Fleisch/Fisch, Gemüse, Brot, frisches Obst, Eier, Milch, Milchprodukte usw. gehören, sieht es in vielen Ländern in Asien, Afrika und Südamerika ganz anders aus: Es fehlt vor allem an Fleisch/Fisch, Milch und Milchprodukten mit hochwertigem Eiweiß, während stärkehaltige Nahrung (die meist sehr wenig hochwertiges Eiweiß enthält; Ausnahme: Sojabohnen u. a.) oft ausreichend zur Verfügung steht.
   b) Der Speiseplan in Peru ist sehr wenig abwechslungsreich; es werden vor allem Mais und Kartoffeln verzehrt, jedoch steht für die Menschen wenig Milch, Fleisch, frisches Obst und Gemüse zur Verfügung. Vor allem mangelt es in Peru an der ausreichenden Versorgung mit hochwertigem Eiweiß (z. B. in Fleisch, Fisch, Milch usw. in großen Mengen vorhanden), damit die Menschen gesund bleiben und leistungsfähig sind.

3. Kurzfristig ist es hilfreich, den Hungernden und Dürstenden täglich die notwendige Nahrung auszugeben.
   Mittel- und längerfristig ist es viel besser, den Menschen zu helfen, dass sie sich zunehmend besser selbst helfen können („Hilfe zur Selbsthilfe") und nicht mehr auf fremde Hilfe angewiesen sind; mögliche Maßnahmen:
   - Kindergärten und Schulen bauen sowie Personal ausbilden (Bildung der Bevölkerung ist mittel- und langfristig dringend notwendig, damit sich die Menschen zunehmend gezielter selbst helfen können)
   - Brunnen anlegen helfen (sauberes Trinkwasser)
   - Wasserleitungen bauen helfen
   - Regenwasser auffangen und dieses für Notzeiten bereithalten
   - Felder gezielt bewässern helfen
   - Ernährungsgewohnheiten auf neuestem Stand weiterentwickeln helfen
   - Eiweißreiche Pflanzen anbauen helfen und beim Anbau beraten
   - Lebensmittellagerung für Notzeiten (Vorratshaltung)
   - Babys und Kleinkinder impfen und ärztlich gut versorgen
   - Hygienemaßnahmen einüben (z. B. Hände mit Seife waschen, Wunden desinfizieren, Schmutzwasser von Trinkwasser trennen) usw.

Station B: Essstörungen — Lösungen

1.

Essstörung	Symptome (Merkmale)	Ursachen	Abhilfe
Esssucht (Fettleibigkeit; Adipositas)	häufiges, schnelles, übermäßig reichliches Essen, Übergewicht	Angst, Ärger, Langeweile, Trauer usw.	Überwindung von Angst, Langeweile, Ärger, Trauer usw.
Ess-Brech-Sucht (Bulimie)	In kurzer Zeit werden große Nahrungsmengen gegessen, dann wieder erbrochen.	fehlende Kontrolle des Essverhaltens	längere Therapie (Arzt, Psychologe)
Magersucht (Anorexie)	sehr starker Verzicht auf Essen (auch wenn schon untergewichtig)	krankhafte Angst vor Dickwerden oder Gewichtszunahme	längere Therapie (Arzt, Psychologe)

2. a) • Einfache Faustregel: sehr einfach und sehr schnell anwendbar
• BMI-Index: einfach zu berechnen, gute Orientierungsgrundlage für das eigene Gewicht
• Wohlfühlgewicht: setzt am Positiven – am Wohlfühlen – an; berücksichtigt die verschiedenen Sicht- und Wohlfühlweisen unterschiedlicher Menschen; nimmt den Druck, sich an einem Ideal bzw. Idealgewicht orientieren zu müssen

b) $$\text{BMI} = \frac{\text{Körpergewicht (in kg)}}{\text{Quadrat der Körpergröße (in m}^2\text{)}}$$

Beispiel:

$$\text{BMI} = \frac{60\text{ kg}}{1{,}70\text{ cm} \cdot 1{,}70\text{ cm}} = \frac{60\text{ kg}}{2{,}89\text{ m}^2} = 20{,}76\text{ kg / m}^2$$

Das Körpergewicht ist normal, wenn der BMI-Wert etwa zwischen 20 und 25 (abhängig auch von Alter und Geschlecht) liegt.

Anmerkung: Es wird bei dieser BMI-Berechnung nicht berücksichtigt:

- Geschlecht
- Konstitution
- Alter
- Sportler oder Nichtsportler
- usw.

c) Gefahren können in einem unkritischen, schematischen Umgang mit dem BMI (individuelle Situation und Bedürfnisse werden dann nicht berücksichtigt) liegen. Der BMI berücksichtig auch nicht den Anteil von Fett oder Muskelmasse im Körper – durchtrainierte Sportler können einen hohen BMI haben, da Muskeln schwerer sind als Fett.

Station C: Wörtersuchrätsel „Nahrung und gesunde Ernährung" — *Lösungen*

Q			K	O	H	L[12]	E	N	H	Y	D	R	A	T	E									
	U														I									
		A[17]		M	A	H	L	Z	E	I	T[10]				W					M				
			R						I			E	T	T[25]	E[2]	F				U			E	
				K					G					M	I	T[15]	T	A	G	E	S	S	E	N
									R						S					S			T[33]	
R									E[4]	I			F	I	S[32]	C	H			L[18]				
	E[13]								N[27]				N						E	I	S[26]			E
		T				F	R[31]	U	E	H	S	T[9]	U	E	C	K								N[5]
			T				E[37]						E					F[36]	L	E	I	S	C	H
	T	S[22]	R	U	W		K						S											E
					B		C						S											A
							U	O	R	A	N	G	E[29]	N	S	A	F[35]	T						Z
							Z			P								O[34]	B	S	T			
D	I	C	K	D	A[28]	R	M			F								R		R				
										E								B[3]	U					
	E							M	I[8]	L[1]	C	H						H[16]		N[21]	E	G	A	M
	M									S							G							R
	E					R	E	S[6]	S	A	W					O								A
	R									F					J									D
	C	H[30]	I	P	S				S	T[23]	A	E	R	K	E									N
	S																							N
	S				V	E[20]	R	D	A	U	U	N	G				V	I	T[19]	A	M	I	N	E[11]
	U																							U
	N[14]	G	E	M[7]	U	E	S	E		E	F	F	O	T	S	L	A	R	E[24]	N	I	M		D

Im Buchstabensalat versteckte Wörter:

APFE**L**SAFT
BROT
BUTT**E**R
C**H**IPS
DICKD**A**RM
DU**E**NNDARM
EI
EI**S**
EIW**E**ISS
E**N**ERGIE
FET**T**E
FI**S**CH
FLEISCH
F**R**UEHS**T**UECK
GE**M**UESE
JOG**H**URT
KOH**L**ENHYDRATE
MAGE**N**
MAHLZEI**T**
M**I**LCH
MIN**E**RALSTOFFE
MIT**T**AGESSEN
MUES**L**I
NUESS**E**
NUSSCREME
OBST
ORANGENSA**F**T
QU**A**RK
S**T**AERKE
TEE
V**E**RDAUUNG
VI**T**AMINE
WAS**S**ER
WUR**S**T
ZAEH**N**E
ZUCK**E**R

Lösungssatz: L E B E N S M I T T E L E N T H A L T E N S T E T S N A E H R S T O F F E

Station D: RICHTIG oder FALSCH? — *Lösungen*

Lösung: G E S U N D E E R N A E H R U N G

Nr.	Aussage	RICHTIG	FALSCH
1	Die Energie in der Nahrung sollte für einen Menschen täglich bei 8 000 bis 10 000 kcal liegen.		G
2	Pro Tag sollten wir 2 bis 3 Liter Wasser (z. B. in Form von Leitungswasser, Obstsaft, Suppe) zu uns nehmen.	N	
3	Stärke kann man mit Lugol'scher Lösung nachweisen.	U	
4	Die Hauptverdauung erfolgt im Mund.		R
5	Täglich sollten wir etwa 5 Gramm Eiweiß pro Kilogramm Körpergewicht aufnehmen.		H
6	Fleisch ist eine wichtige Eiweißquelle.	E	
7	In Salat und Gemüse sind viele Vitamine und Mineralstoffe enthalten.	A	
8	Teigwaren und Brot sind stark stärkehaltig.	N	
9	Mehl besteht vor allem aus Eiweiß.		R
10	Ballaststoffe sind Ballast und für die Ernährung unwichtig, ja eher belastend.		E
11	Die Energie in unserer Nahrung ist letztlich gebundene Sonnenenergie.	E	
12	Ess-Brech-Sucht nennt man auch Bulimie.	D	
13	Gesunde Ernährung beginnt mit einem guten Frühstück.	N	
14	Drei große Mahlzeiten pro Tag sind besser als fünf kleinere Mahlzeiten.		U
15	In Mineralwasser ist besonders viel Eiweiß enthalten.		S
16	Die wichtigsten Baustoffe des Körpers sind Eiweißstoffe.	E	
17	Im Schweiß verlieren wir viele Salze (Mineralstoffe, Mineralsalze).	G	

Station E: Vegetarische Ernährung — *Lösungen*

1. individuelle Ergebnisse
Je nach Essgewohnheiten in der Familie ist das Ergebnis von Person zu Person recht unterschiedlich.

2. a) Zeile 7
   b) Vermutlich wählen die meisten einen mittleren Wert in der Tabelle.
   c) Der Wurst- und Fleischkonsum eines Durchschnittsdeutschen ist doch recht hoch – (wohl) höher als zunächst geschätzt.

3. a) Individuelle Ergebnisse
   b) Beispiellösung:
   Getreide- und Milchprodukte:
   Quarkbrot (mit Schnittlauch, Gurken, Tomaten usw.), Müsli mit Milch und Honig, Nudelauflauf mit Käse überbacken

   Milchprodukte und Kartoffeln:
   Kartoffeln mit Quark

   Eier und Kartoffeln:
   Rührei mit Bratkartoffeln, Kartoffel-Gratin, Omelette

   Eier und Getreide:
   Getreidebratlinge mit Kartoffeln und Salat, Nudel- oder Reissalat mit Ei

   Eier, Milch und Hülsenfrüchte:
   Reisauflauf mit Bohnen und Käse überbacken

Quellenverzeichnis

S. 4: Jean-Jacques Rousseau [https://upload.wikimedia.org/wikipedia/commons/b/b7/Jean-Jacques_Rousseau_%28painted_portrait%29.jpg] von Maurice Quentin de La Tour, lizenziert unter CC0 1.0 [https://creativecommons.org/publicdomain/zero/1.0/legalcode]
S. 16/47/61: Gesundes Frühstück/continental breakfast © Janine Fretz Weber, fotolia.com, Nr. 12331515
S. 16: Frühstück in Japan [http://upload.wikimedia.org/wikipedia/commons/d/d0/Breakfast_Japan.jpg] von Joi Ito from Inbamura, Japan, lizenziert unter CC BY 2.0 [https://creativecommons.org/licenses/by/2.0/legalcode]
S. 17/20/43: Wasser tragende Frau: porteuse d'eau © jean claude braun, fotolia.com, Nr. 4622228
S. 18/30/44/61: Lebensmittel © Elena Schweitzer, fotolia.com, Nr. 9530512
S. 20/40: Sportlerin mit Wasser: Frau auf dem Stepper © Christian Schwier, fotolia.com, Nr. 19715951
S. 21: Portraits einer jungen und einer alten Frau © Gina Sanders, fotolia.com, Nr. 35976491
S. 21: GHS-Symbole © lesniewski, fotolia.com, Nr. 48487818
S. 25/61: Milchprodukte: Milchprodukte, Eier © photocrew, fotolia.com, Nr. 30539378
S. 25: Obst und Gemüse: Group of different fruit and vegetables © Tomo Jesenicnik, fotolia.com, Nr. 10517173
S. 26/62: Pellkartoffeln mit Quark © Jörg Beuge, fotolia.com, Nr. 24968482
S. 27/29: Mais: An ear of corn isolated on a white background © atoss, fotolia.com, Nr. 37674285
S. 29: Dosenmais: Open can of corn with lid isolated over white background. © dlameko, fotolia.com, Nr. 27941437
S. 29: Popcorn © Jan Will, fotolia.com, Nr. 14638551
S. 29: Maismehl in einer Porzellanschale © lantapix, fotolia.com, Nr. 16562886
S. 29: Mais als Viehfutter: Freilandhaltung © ccke, fotolia.com, Nr. 32857543
S. 30: Skorbutkranker [https://upload.wikimedia.org/wikipedia/commons/8/88/Scorbutic_gums.jpg] von http://phil.cdc.gov ID#:3998 [https://phil.cdc.gov/Details.aspx?pid=3998], lizenziert unter CC0 1.0 [https://creativecommons.org/publicdomain/zero/1.0/legalcode]
S. 31/44/58/61: Dekoriertes Abendessen © Yantra, fotolia.com, Nr. 29154235
S. 33/59: Milchgebiss/Erwachsenengebiss [https://upload.wikimedia.org/wikipedia/commons/d/da/OK_UK_zeichnung.gif] von de:Benutzer:Die zuckerschnute, lizenziert unter CC BY-SA 3.0 [https://creativecommons.org/licenses/by-sa/3.0/legalcode.de]
S. 42: Unterernährte Kinder in Afrika [https://upload.wikimedia.org/wikipedia/commons/2/21/Malnourished_children%2C_weakened_by_hunger.jpg] von DFID - UK Department for International Development, lizenziert unter CC BY 2.0 [https://creativecommons.org/licenses/by/2.0]
S. 43: Karte Südamerika mit Peru [http://upload.wikimedia.org/wikipedia/commons/thumb/2/21/Peru_on_the_globe_%28South_America_centered%29.svg/1000px-Peru_on_the_globe_%28South_America_centered%29.svg.png] von TUBS, lizenziert unter CC BY-SA 3.0 [https://creativecommons.org/licenses/by-sa/3.0]
S. 44: Currywurst mit Pommes frites © Quade, fotolia.com, Nr. 30341178
S. 45: Übergewichtiger: obèsité © bacalao, fotolia.com, Nr. 18184153
S. 45: Magersüchtige: Belly of young female with anorexia © Piotr Marcinski, fotolia.com, Nr. 29789635
S. 48: Sonnenblumenfeld [https://upload.wikimedia.org/wikipedia/commons/e/eb/Sunflowers_helianthus_annuus.jpg] von Bruce Fritz, U.S. Department of Agriculture, lizenziert unter CC0 1.0 [https://creativecommons.org/publicdomain/zero/1.0/legalcode]
S. 49: Symbol Vegetarisch: Geeignet für Vegetarier © photolars, fotolia.com, Nr. 45246960
S. 53: Schiff Santa Maria von Kolumbus [https://upload.wikimedia.org/wikipedia/commons/6/6f/Santa_maria_replica_in_arrecife_lanzarote_2018.jpg] von Alelanza, lizenziert unter CC BY 3.0 [https://creativecommons.org/licenses/by/3.0]
S. 54: Welthunger [https://upload.wikimedia.org/wikipedia/commons/8/8e/Percentage_population_undernourished_world_map_2012.svg] von Shibo77, lizenziert unter CC BY-SA 3.0 [https://creativecommons.org/licenses/by-sa/3.0]S. 62: Gesundes Pausenbrot: Healthy sandwhich © yamix, fotolia.com, Nr. 21952491
S. 61: Wasserglas [https://upload.wikimedia.org/wikipedia/commons/f/f8/2006-02-13_Drop-impact.jpg] von Roger McLassus, lizenziert unter CC BY-SA 3.0 [http://creativecommons.org/licenses/by-sa/3.0/]
S. 61: Teller mit Essensresten: Verlagsarchiv
S. 61: Getreide © Chefsamba, fotolia.com, Nr. 43423790
S. 61: Salzstreuer [https://upload.wikimedia.org/wikipedia/commons/d/d6/Salzstreuer.jpg] von Ketchupfreak88, lizenziert unter CC BY-SA 3.0 [http://creativecommons.org/licenses/by-sa/3.0/]
S. 61: Essen mit Familie: Family enjoying meal at home © Monkey Business, fotolia.com, Nr. 35097445
S. 61: Süßigkeiten: chocolate © PICTAKER, fotolia.com, Nr. 19042940
S. 61: Schinken: smoked meat slices © Mara Zemgaliete, fotolia.com, Nr. 23983706